漫威英雄

Leaders Assemble! Leadership in the MCU

領導學

跟著組織心理學教授打造英雄特質領導力

高登·施密特 Gordon B. Schmidt

賽·伊斯蘭 Sy Islam

本書原著為
「透過大眾文化學習有效領導力」書系

書系編輯：麥可・烏里克（Michael Urick）

　　本系列叢書透過能引起共鳴的大眾文化主題，觀察現代與創意的商業理論。本書希望為商務人士與高年級商學院學生，以引人入勝與有效率的形式，提供嚴謹、可信的學術應用與解決方法。

「透過大眾文化學習有效領導力」系列叢書：

《管理者原力：來自遙遠星系的管理學課程》——麥可・烏里克

《來自中土世界的領導力：組織理論與應用》——麥可・烏里克

《勝利或出局：來自皇家的領導力課程》——內森・童、麥可・烏里克

《4個國家之間的跨文化領導力：來自「降世神通：最後的氣宗」的啟示》——伊斯蘭與施密特

《魔法世界的領導力洞察報告》——阿迪提雅・辛姆哈

" ————————

　　作者高登將本書獻給他的太太，還有被迫觀賞自己本來不想看的超級英雄電影的小姨子，以及施密特、偉根茲、史密斯與哈特曼家族。他也希望將本書獻給父親，是父親在消防隊跳蚤市場買了一箱漫畫書，讓他第一次接觸到最喜愛的漫威漫畫人物：蜘蛛人與復仇者聯盟。

　　作者賽希望將本書獻給他的家人：哥哥休哈爾，這位送他第一本漫畫、從此讓他永遠愛上這個媒介的人；父母阿敏與娜茲巴，雖然不情願但還是一直幫他買漫畫；以及太太羅娜克，他永遠的漫威電影約會對象。

　　我們也將本書獻給所有將漫威宇宙以漫畫和電影形式帶給大家的作者、藝術家、創作者與演員。

———————— "

關於作者

高登・施密特 博士

　　美國密西根州立大學組織心理學博士，現於美國路易斯安那州門羅大學教授管理學課程。專研主題包括「工作的未來」以及科技如何改變現今的企業與員工關係，已在許多學術期刊上發表相關研究成果。

　　施密特與理查・蘭德斯（Richard Landers）共同撰寫一本書，闡述人才的選用與招聘中，社群媒體所扮演的角色。他也在研究虛擬領導力，以及科技如何影響領導的過程。亦曾研究「零工經濟」（gig economy）和群眾外包網站如「亞馬遜土耳其機器人」（Amazon Mechanical Turk）如何迅速集結各種打零工的團體。他曾針對業界人士撰文描述關於「工業／組織心理學」領域服務範圍的未來，並研究在不同情況下，如精簡生產（lean production）、企業社會責任計畫、職場冷漠症候群（job apathy）與流行文化中，領導能力與動力的關係。

　　施密特教授的科目包括組織行為、訓練方法、員工關係、組織發展、組織理論、領導力與人力資源，其教學工作內容已發表於許多期刊及研討會，並曾在 2015 年獲得其任教大學頒布的優秀教學獎。

　　校園之外，施密特曾擔任 2020 年管理與組織行為教學學會（Management and Organizational Behavior Teaching Society Conference）線上會議之主席、《管理教學論叢》（Management

Teaching Review）的共同編輯。目前，他擔任許多組織的顧問，主要提供關於領導力、動機，與社群媒體相關的意見。

賽‧伊斯蘭 博士

於紐約州立大學法名戴爾學院（Farmingdale State College）擔任工業組織心理學副教授，專門教導培訓與領導力培養相關課程。曾研究過團隊適應、招聘中的社群媒體，以及透過社群媒體的消費者反饋。

除了擔任教授以外，伊斯蘭也是「人才指標顧問公司」（Talent Metrics）的共同創辦人與顧問部的副總經理。在人才指標顧問公司，他為許多組織打造各種培訓、選才、調查設計、績效管理與團隊建設等方案。他是「人才發展協會」（Association for Talent Development）長島分會會長，並且在紐約分部擔任「人員數據分析特殊利益團體」（People Analytics Special Interest Group）的副主席。

他是工業和組織心理學協會（Society for Industrial and Organizational Psychology, SIOP）會長表彰獎得主，也獲得紐約州立大學法名戴爾學院的教育學習與科技中心頒布教職人員導師獎。

目錄 CONTENTS

如何看待漫威電影宇宙中的領導力

　　現在全世界最受歡迎的電影類型，或許就是超級英雄電影。漫威電影宇宙（MCU）的電影是有史以來票房總收入最高的系列電影（Whitten, 2021），這還不包括其它電影工作室依照漫威特色所製作的眾多電影。在各類媒介，包括影視串流平台、電玩、商品，當然還有漫畫裡，都能找到這些漫威英雄的蹤影。我們的生活中，漫威英雄可說是無所不在！

　　漫威特色持續發酵，可見英雄們與他們代表的理念在全世界引起共鳴。許多人從小到大都想當超級英雄，或至少想跟他們一樣，為世界帶來正面影響。

　　雖然大部分的人無法跟超級反派對戰，但是我們仍有機會為身旁的人帶來正面影響。其中一個方法就是透過領導力，影響他人、幫助他們達成重要的事情。復仇者聯盟、X戰警與星際異攻隊，這些超級英雄團隊都為我們證明了：團結共事能勝過單打獨鬥。

　　即便我們做的事情跟最喜愛的超級英雄略有不同，我們能從漫威電影中的許多例子與經驗，學習如何成為更好的領導者。本書屬於「透過大眾文化學習有效領導力」系列書籍，目標是幫助讀者透過解析大眾文化經歷的課題，養成領導者風範。第一次得知要出版這系列書籍

時，我們非常興奮，立刻就知道我們想要寫關於漫威電影宇宙中所展
現的領導能力。

本書會引用在電影中的領導議題與範例，搭配學術研究成果，幫
助你成為更好的領導者。在第一章裡，我們會簡略介紹這些電影，解
釋為何這些電影與領導力有關，討論我們如何看待領導力，介紹本書
章節概要，並且協助你決定該如何應用本書。

漫威電影與漫畫的迷人世界

我們認為漫威電影宇宙與培養領導力有幾項重要關聯。首先，這
系列電影是許多角色的共同世界。鋼鐵人和美國隊長都是各自電影中
的主角，但也會在其它電影中出現，並且擔任團隊成員。身為自己電
影裡的主人翁與主要角色，許多漫威角色都有各自的強烈個性與獨特
觀點，因此漫威是由擁有不同想法與觀點的英雄所組成，他們彼此互
動、衝突，最後拯救世界。在這個混亂的世界裡，每個人都有意見不
合或互看不順眼的情況，正好跟現實世界吻合。真實世界裡，人們也
不一定想法一致，或對領導者言聽計從。雖然現實生活中的衝突，本
質與漫威電影中有所不同，我們都需要配合不同的人，想出解決重要
目標的最佳合作方式。

而且這些不同觀點其實也能成為優勢，激發出自己絞盡腦汁也想
不出來的點子和解決方案。每一部漫威電影不只是單一視角，而是各
式各樣的人相互合作，才能製作出一部引人入勝、讓人享受其中的電
影。我們需要導演、演員、編劇、特效師與技術人員合作無間，才能
生產出一部電影。他們不同的技能與觀點，創造出我們如今感受到的

電影魔法。

　　這些電影所改編的漫畫書，也是採取不同創作者觀點相互合作的方式而創造出來的。許多漫威超級英雄在 1960 年代被創造出來時，是透過漫威採用的一種獨特創作方式，後來被稱為「漫威方法」（the Marvel method）（Daniels, 1991）。所謂「漫威方法」，就是作者會先想出某一集漫畫連載中的粗略的大綱，一般即是故事的開頭和結尾這種重要情節，但是不會特地寫出角色對話，或是精確的視覺成分。這個故事大綱會交給繪畫師，繪畫師就會把整個故事畫出來（Daniels, 1991）。繪畫師對於整個故事的樣貌有著重大的影響，也能決定故事情節如何從開頭走向結尾。繪畫師可能還會在故事裡，加入一整段的重要情節，甚至加入更多角色（銀色衝浪手這個英雄人物的出現，就是繪畫師傑克‧克比〔Jack Kirby〕自己添加的故事情節）（Oakes, 2020）。畫完的漫畫會再送回原作者，作者再根據繪畫師的創作寫出對話與旁白。有了對話的漫畫書交給著墨師（inker），著墨師會加強或淡化部分的漫畫情節，接著文字書寫員（letterer）也會將對話依照相同手法進行處理。由此可見，一部漫威方法製作出來的漫畫，是經過許多參與者深刻的協作而形成的迷人故事。

　　著墨師、文字書寫員和編輯都加入了他們的觀點與才華，作者與藝術家一起合作，將各自的感情帶入，創作出一個可行的故事。可見漫威電影宇宙，不只是一位作者如史丹‧李（Stan Lee）、洛伊‧湯瑪斯（Roy Thomas）、克里斯‧可萊爾蒙（Chris Claremont）、克里斯多福‧普里斯特（Christopher Priest）或布萊恩‧奔迪斯（Brian Bendis）的個人創作，而是與傑克‧克比、史蒂夫‧迪特扣（Steve Ditko）和約翰‧羅米塔二世（John Romita Jr.）等藝術

家的共同創作。

漫威宇宙的電影，證明創作者能相互合作，創造出強而有力的故事。製作人以及漫威電影宇宙背後的重要推手，凱文·費吉（Kevin Feige），就曾說「創造這部電影真的要靠一個村莊的力量，幸好他們讓我當領導」（Aurther, 2021）。好的故事需要大家的合作、彼此影響，才能塑造出故事的形狀，將它推向成功。在接下來的「我們如何看待領導力」段落裡，你會看到這種相互影響與合作在領導時的重要性。

我們如何看待領導力

既然這本書是在講領導力，以及如何成為更好的領導者，我們最好以作者的身分先解釋我們對領導力的定義。我們對領導力的定義引自尤克與嘉德納（Yukl and Gardner, 2020）和凱茲與卡恩（Katz and Kahn, 1978）的著作，我們認為領導能力是一個影響的過程，其中領導者會影響另一個人採取行動，或是用不同於自己的觀點去思考。因此領導力是影響他人、改變他人的想法，以及改變這些人會採取的行動。

這就意味著，領導者對世界能有很大的影響力，因為如果不是受到領導者的影響，這些事情不會自己發生。然而，領導力也是可以培養、精進的！你可以透過經驗、自省，或是透過這類書籍和其它關於領導力的著作成為更好的領導者（Whetten& Cameron, 2020）。

重要的是，我們將領導能力視為一個過程，而不是單獨一位「領

導者」。大家談論領導力時，太常把焦點放在總裁、主席或總經理身上了。領導力不只是那些職稱響亮的人的專利，我們所有人都會（也都能夠）培養領導能力。我們都能影響同事或同學、朋友、家人，甚至遇到的任何人。因此，如果你剛好就是公司總裁，這本書絕對能幫上忙，但無論你在一個組織或日常生活中扮演什麼角色，讀這本書還是對你有幫助的。由於我們把重點放在，即便沒有正式的領導職位，也能影響他人，因此本書觀點也源自「共享式領導」（shared leadership）的概念。

共享式領導的概念中，一個群體裡會有一個相互影響的過程，在這過程中，團隊的成員會互相影響、協助彼此達成團隊的目標（Pearce & Conger, 2003）。所以，不是只有一個人在扮演領導者或「老闆」的角色，有時候許多人都在領導一個團隊，這是因為他們擁有某種特定的專長或技能。我們絕對相信，在現實生活中很少有一個領導者能影響所有事情，反而是團隊成員在互相影響，以達成團隊的目標。好的領導者或許能經常領導大家，但他們的行為也經常會受到其追隨者的影響。領導力是雙向的。

以上兩種概念都能在漫威電影中看見。雖然復仇者聯盟（The Avengers）這種團隊（在某幾部電影中）有時有像尼克‧福瑞（Nick Fury）這樣的老闆，出任務時，某些人物通常會擔任領導者角色（像是美國隊長和鋼鐵人），而每一位復仇者都有獨特的技能與專長，能在適當的時間點影響整個團隊。例如，如果復仇者聯盟要對抗來自阿斯嘉（Asgard）的人，如破壞之神洛基（Loki），雷神索爾（Thor）通常是在這情況下最懂該怎麼做，因此能影響整個團隊的行動。

　　如果這群人要面對的是跟科學有關的困境，大家通常會指望布魯斯·班納（Bruce Banner，綠巨人浩克的本名）挺身引導。如果他們需要祕密作戰，黑寡婦應該會出謀策劃，而不是索爾。每一個隊員會依照自己的特長，適時成為領導者並影響他人。

　　本書兩位作者都是工業與組織心理學家，因此我們做任何事都會帶入這類觀點。工業與組織心理學（Industrial-Organizational Psychology）將心理學理論應用於組織（Conte & Landy, 2019）。我們幫助組織成員更有效率地工作，也對自己的工作更滿意。我們在本書中會引用工業與組織心理學的相關理論與研究，並將它應用在相關的領域，如管理學、領導學、勞資關係與組織行為學。引用研究結果能讓我們提供有憑有據的建議，而不只是個人淺見。這能幫助你培養領導能力，並且成為成功的員工。

　　我們每個人都能持續成長、精益求精，也期望這本書能幫助大家自我成長。

本書架構

　　我們認為按照這本書的編排架構順著讀，最能與領導概念與範例有所連結，也能促進自我學習與反思。但是也歡迎大家依照自己的想法，用任何方式閱讀本書。接下來的這個部分，我們會強調每一個章節的重點。

　　每一個章節會著重在一、兩個核心的領導概念，並搭配一位漫威電影宇宙角色或是一部漫威電影為例。這樣你能透過一個主題的學術

研究和電影提供的範例，學習領導概念。附錄裡的表格也很方便，它有每個章節的標題、核心領導概念，以及重點討論的影片。

　　第一章（就是這裡！）旨在歡迎讀者，討論整本書的結構，並且簡單地介紹漫威宇宙的電影，以及我們為何認為能幫助大家學習領導力。我們也討論了作者如何看待領導力，認為領導是一個過程，也能夠共享。

　　第二章會透過瓦干達（Wakanda）和阿斯嘉的例子，討論領導交接、接班人計畫，以及領導者影響力的來源。我們接著會討論，該如何在自己的組織中處理這類議題。

　　第三章探討的是共享式領導的概念，並且使用《星際異攻隊》為例，描述領導者如何出現。我們會討論要如何辨識共享式領導的機會，以及在各自情況下的領導力崛起。

　　第四章探討的是同儕與領導者之間的導師制多麼寶貴，並且利用《蜘蛛人：新宇宙》以及其它蜘蛛人電影呈現，擁有共同的願景和觀點能如何幫助這些過程。我們也會討論在不同的情況下，在導師制中擁有共同願景的潛在價值。

　　第五章要揭開衝突的本質，分析在哪些情況下的衝突是好事，以及決策談判的本質。《美國隊長 3：英雄內戰》和《復仇者聯盟》系列電影提供了我們能學習借鑒的例子。接著，我們會請你思考自己在當領導者時，能如何更有效處理衝突。

　　在第六章裡，我們會用《復仇者聯盟：無限之戰》和其它電影解釋，

壓力與危機如何衝擊我們的心理狀態，也衝擊進行有效領導的能力。雖然沒有人會想要面對像薩諾斯（Thanos）這種程度的壓力，但是在領導的過程中面對壓力時，我們能從容易犯的錯誤中記取教訓，幫助你學習在艱困的時刻持續領導。

第七章要探討的是抱持真誠的心態，能如何讓我們成為更好的領導者，但這往往需要深刻的自我意識、自省能力與自我成長。我們追隨東尼・史塔克（Tony Stark）經歷鋼鐵人與復仇者聯盟系列電影，看見一個領導者即使立意良善也會面臨的困境。我們會請你省視自己的真誠，與身為領導者的自我意識，並且思考如何讓這兩方面皆有所成長。

第八章要討論的是組織以外的對外關係中，領導者所扮演的重要角色，以《黑豹》（Black Panther）以及對全世界揭露真正的瓦干達為例。我們會讓你思考自己的領導角色如何與這類外部關係有所關聯，以及該如何管理這種關係。

第九章要強調的是領導者能如何幫助其帶領的人，弄清楚自己與組織的連結與身分。我們透過觀察《X戰警系列電影》，了解到不同的領導者對變種人有不同的定義：他們可能是英雄、X戰警、變種人，甚至是危險人物。我們會討論一個人能如何影響別人，讓他們思考自己在組織中扮演何種角色，甚至影響他們的世界觀。

本書第十章要探討的是女性領導者的重要性，以及女性是如何在漫威電影宇宙以及現實生活中被降級成配角，只因大家對於領導者的模樣和行為有著隱含的偏見。我們希望告訴你：不要貶低這些潛力無限的女性領導者，還有應該如何在現實生活中的組織裡，對抗這些對

領導者隱晦不明的偏見。

第十一章的重點是漫威宇宙中，美國隊長一角所描繪的「僕人領導」概念。在探討自身的領導行為與守住道德底線時，我們會討論史蒂夫‧羅傑斯（Steve Rogers）能如何激勵大家並成為一個模範。

第十二章著重在領導者如何依據自己的目標打造團隊。我們會以福瑞、X 教授與萬磁王（Magneto）為例，解釋領導者如何招兵買馬，選擇自己的團隊成員。我們會建議你思考要如何依據團隊的目標選擇隊友。

最後，第十三章是統整其它章節的概念與重點整理，總結出我們能採取哪些重要行動，讓你成為自己生活裡更有效率的領導者。看完這一章，你應該能清楚知道該怎麼做，才能成為更好的領導者。

如何使用本書

一般而言，我們會建議從頭開始讀，但你也可以依照自己的經驗和情況做出別的選擇。以下是根據你自己的經驗與扮演的角色，我們能提供的一些建議。

✦ 如果你是漫威電影迷

首先要分辨的是，你是漫威電影迷嗎？如果你是漫威電影宇宙的鐵粉，這些電影你可能都熟記於心了。雖然對這樣的人來說，電影情節都能倒背如流，但這本書能提供新的領導者視角。可預期地，當我們在討論領導概念時，你能聯想到電影裡的許多例子。對漫威影迷而言，按照順序讀下來應該是最合理的方式，但我們也歡迎你直接跳到

最喜歡的幾部電影。附錄裡的表格能幫助你找到我們在哪裡提到哪部
電影。

✦ 如果你不是漫威電影迷

　　如果你不是忠實影迷，或許就記不得所有電影情節，甚至有可能
沒看過我們討論的幾部電影。這也沒有問題！每一個章節都會概述電
影的重大情節，讓你跟得上劇情。附錄的表格能幫助你了解哪些影片
會在哪些章節中被提及。想與這本書裡提到的電影互動，對一般影迷
而言有兩種方式：你可以先讀書裡的文字，再去觀看相對應的電影，
並看到書中概念躍上大螢幕；你也可以反過來，先看電影再讀本書，
這樣讀到文章裡的例子時，劇情還是記憶猶新。兩種都是合理的選擇，
所以可以兩種都能試試看，找出哪一種能幫助你學習本書的知識。

✦ 如果你已經是一位領導者

　　第二個辨別方式就是你目前與領導力的關係。如果你目前已經是
一位領導者（或是在教授關於領導力的老師），我們在討論領導概念
時，請引用切身經歷。你要思考的是書中的領導概念與案例該如何應
用在自己的領導情況，也可以考慮本書哪些概念值得與你的追隨者、
其他領導者，或是學生、訓練對象分享。如果你目前遇到某種領導問
題（或是教授特定的主題），歡迎直接跳到你覺得最有幫助的章節。

✦ 如果你有志成爲領導者

　　如果你有志成為領導者或還是學生，雖然你現在不是領導者的角
色，但我們之前提到過：我們所有人的日常生活都與領導力息息相關。
所以，如果你仔細思考自己的生活經歷，你可能會發現，自己擁有比
想像中還多的領導經驗。你也可以想想生活中互動過的領導者，以及

你未來想成為什麼樣的領導者。對這類人而言，按照本書順序閱讀最合理，但如果你是學生，請按照老師的要求讀這本書！

重點摘要

　　我們在本章中介紹了整本書的概要。我們聊到漫威電影宇宙，以及製作電影和漫畫題材時合作的重要性，接著討論我們如何看待領導力，以及為什麼領導能力如此重要。領導力是影響的過程，我們生活中都會與領導力有關係。

　　領導力經常是共享的，不同的人會在不同情況當上領導者。漫威電影宇宙與其它漫威電影，能提供許多關於領導力的範例，值得我們借鑑學習。

　　接著我們討論到本書的架構，並且提供了每一個章的概要。最後，根據你對漫威電影的熟悉程度，以及和領導力之間的關係，我們建議了使用這本書的不同方式。

　　我們要感謝你拿起這本書。身為終身的漫威迷，能寫這本書真是美夢成真。我們希望這本書能幫助你踏上，並且享受自己培養領導力的旅程。

　　領導者集結！

第 2 章

誰有資格成為領導者？黑豹的領導力傳承

　　《美國隊長 3：英雄內戰》與《黑豹》兩部電影中，不斷討論誰有資格成為領導者。誰能被選為領導者，這個決策過程經常被稱為「領導者轉換」（leadership transitions）的接班人計畫（Froelich et al., 2011）。領導者轉換對組織而言至關重要。在內戰時，帝查拉（T'Challa）對於父親帝查卡（T'Chaka）遭到暗殺，感到震驚不已，但接下來該由誰領導瓦干達也成了問題。在《黑豹》裡，帝查拉在瓦干達的領導寶座受到其他王位候選者如恩巴庫（M'Baku）和「殺人機器」艾瑞克・齊爾蒙格（Erik Killmonger）的挑戰。

　　領導者轉換對於組織維持其連續性與流動性非常重要。在這個章節中，我們會討論如何召募潛在的領導者，選出最好的人選，以及「正當性」（legitimacy）和「權力來源」這些概念，對潛在領導者的影響。最後，我們會討論如何應用這些資訊辨識出組織裡的潛在領導者，並且幫助他們轉換成領導者的角色。

誰是潛在的領導者？

　　在選擇領導者之前，我們要能辨識一個組織裡，誰有潛力成為領導者。召募並選出適合的領導者，對許多組織而言是一大挑戰。漫威

電影宇宙的領導者轉換範例都有一個共通點：一般都是王族成員的權力轉移。帝查卡國王在內戰中遭到暗殺，大家都暗自認定他的兒子與繼承者帝查拉，會成為下一位黑豹與瓦干達的領袖。《雷神索爾》系列電影中也是類似的模式：眾神之王奧丁（Odin）已經選中索爾作為他的繼承者，只要索爾能夠擔此重任。但問題是誰擔得起？為什麼這在選擇領導者時如此重要？而沒有皇家血脈的組織，又要如何召募並選出有擔當的領導者呢？

即便是經濟繁榮的時期，召募領導者也是一大挑戰，因為成功的領導者通常已經被雇用，他們的雇用者也打算留用這些人。

既然一般的組織沒有國王和王后生出下一代的領導者，組織就必須透過同儕的推舉、社群媒體的人際網絡，以及專業社群召募新領袖（McEntire & Green- Shortridge, 2011）。組織需要找出適合的領導者，而這些資源能幫助他們辨識高潛力的領導人才。要辨識適合組織的潛在領導者，同儕間的推薦非常有用（Kaul, 2021）。專業社群也能為領導位置提供適當的候選者，社群媒體則是幫助組織召募潛在領袖的新穎工具。社群媒體能擴展組織的搜尋範圍，突破組織傳統上使用的召募人才管道（McFarland & Ployhart, 2015）。組織的最終目的，就是要找出一個能夠帶領組織走向未來的領導者。

除了與先王有血緣關係，帝查拉與索爾都必須證明自己的價值。帝查拉必須找出殺害父親的兇手來證明自己。在瓦干達，帝查拉也要面對來自不同部落的挑戰，證明自己能以黑豹身分帶領瓦干達。雷神索爾一開始被奧丁派去地球，帶領軍隊對冰霜巨人（Frost Giants）進行一項未經批准的攻擊行動。奧丁清楚表明，除非索爾學到如何

獲得雷神之鎚的力量與資格，否則他將無法回到阿斯嘉並且復位。當你的組織在考慮領導候選人，無論是內部還是外部的，都必須評估候選者的資格。麥肯泰爾與葛林 - 修特吉（McEntire & Green-Shortridge, 2011）建議使用行為與心理學的評估方式，評斷候選者是否有擔任領導者的必要特質。並不是每個組織都備有一個瀑布，能讓競爭對手在此決一死戰，所以只能退而求其次運用候選者的採用前評估。「人格量表」（personality inventories）測試的是領導者的個性，而且對於預測領導者行為是一種有效的工具（Hogan et al., 1994）。使用這些工具的目的，是幫助組織選擇更好的領導人選。理論上，這些工具越客觀越好，領袖的培養過程，也能因此得到更多元的領導者人選。

與傳統的皇家血脈相承，領導位置由父母傳承給子嗣不同，一個組織必須建立自己的領導梯隊（leadership pipeline）。你的組織可以透過辨識哪些是關鍵的領導能力，開始推斷誰會是好的領導者。換句話說，什麼樣的人在你的組織裡會是好的領導者？即便是在漫威電影宇宙中，在阿斯嘉擔任領袖的人，在瓦干達就不一定是好的領導人。你的組織的能力量表（competency model）中，若有員工展現了重要的領導能力，就應該入選組織的領袖培養計畫。被認定為有高潛力的員工，經常會入選組織的領袖培養計畫（Groves, 2007）。就像雷神索爾和帝查拉會接受量身定制的接班人教育與訓練，擁有高潛力的領導候選人也會被安排進入特殊的培訓計畫。富爾莫（Fulmer）等人在 2009 年發現，組織若要維持強健的領導梯隊，必須利用客觀的評估方式（如人格量表、測驗等）、特製的學習計畫（如領袖培訓計畫），與輪崗計畫（rotational programs）來識別人才。帝查拉與索爾都

曾經離開原生世界，透過旅行與學習獲得了特殊的知識與經驗，並且獲得了成為王者的必要技能。

在一個組織裡，領袖培訓計畫的形式可能是為了高潛力領導候選人設計的正規課程、導師制度或輪崗計畫。建立這些計畫是為了支持組織，為高潛力候選者開發領導能力。

在為組織尋找高潛力人才，因而開發高潛力領袖計畫時，值得注意的一個挑戰是對於性別與種族的偏見。本章節中所舉的例子都是來自王室的男性，這意味他們擁有很高的社經地位。但其實在不同的年齡、性別、種族和社經地位都能找到領導人才。格里爾與維瑞克（Greer and Virick, 2008）特別強調在辨識職場中高潛力領導者時，使用客觀人才評估量表的重要性。除了客觀評估，清楚的領導轉換過程，也是辨識未來領導者的關鍵。漫威電影宇宙裡，由於繼承權來自父系君主政體（如阿斯嘉），因此並沒有多元領導者的需求。

由於瓦干達是父系王室繼承權，有才能的人，像是納卡（Naka）、拉瑪達（Ramonda）與奧科耶（Okoye），不到危急關頭都不會成為最高位置「黑豹」的人選。即便他們各自在瓦干達擔任重要的領導職位，但不會是最高領導者的優先人選。這對他們是一種損失，更是瓦干達的損失。這種情況在阿斯嘉也在上演，有才能的阿斯嘉人民，像是希芙（Sif）也不會被當作領導者的人選。一個組織若擁有更有效率的領導梯隊，就不會錯過這種有潛力成為領導者的優秀人才。

由誰來接班？

　　帝查拉與索爾的領導地位，都取決於他們是否值得擁有這個職位。但是，誰才配得上帶領這些古老的王國？兩個男人都被視為王國的潛在領導者，可是他們配不配得上領袖職責，是一個重要的問題。前一段裡，我們討論了幾種評估領導潛力的方式。然而，大多數的人需要超越這種客觀評估方式，用不同方式在自己的組織中展現自己的價值。在組織裡，一個人的價值取決於資格或權力。一個人所發揮的權力類型，會影響他們在組織裡的領導位置，以及別人如何看待這個職位的正當性。

　　在組織裡，每個人的權力來源都不盡相同。研究人員將這些權力基礎分門別類，讓領導者與追隨者知道權力可能來自何處。從廣義來看，這些權力基礎能分成兩類：1. 職位權力與 2. 個人權力。職位權力來自於一個人扮演何種角色，例如擁有黑豹權杖者就能統領瓦干達的軍隊，這個權力是職位賦予的。而個人權利是指：一個人擁有什麼樣的關係，讓他能成為領導者（French & Raven, 1962）。

　　第一種權力基礎是「參照權」（referent power），它取決於有多少追隨者喜歡這個領導者。帝查拉在準備進行瀑布儀式時，妹妹舒莉（Shuri）營造出帝查拉勢必即位的樣子，因為大家都知道他才是真正的王者。這是參照權的一例。在瀑布的這一幕，明顯能感受到大家對於帝查拉成為黑豹、手持權杖的期待。帝查拉不只受到家族的喜愛，也被其它部落擁戴，這就是他的權力來源之一，也是他為什麼能名正言順地成為新國王、獲得權力。在一個組織裡，要別人把你當做領導人物的方法之一，就是開始與別人建立友好的關係。你要別人追隨你，

至少他得先喜歡你。

　　然而有一些領導者擁有權力，是因為他們的專長。舒莉就是擁有專長的人。她運用她的科學知識，在王室家族前展現她的領導能力。她能為哥哥提供科學方面的建議，包括如何升級裝備、提供武器，以及出任務時提供各種支援。即便年紀小，她的專長讓她成為王室中不可或缺的成員。許多人會猶豫要不要擔任領導者，但如果你在特定方面有專業知識可以依靠，並且能形容自己的長處，你的同事可能會開始將你視為一位領導者。成為領導者的第一步就是你的能力要獲得認可，就某些方面來說，你要成為特定領域的專家。

　　跟這種「專家權」（expert power）類似的，就是資訊帶來的力量。「資訊權」（information power）是一個人在面對特定的情況下，因為知道某些資訊而得到的權力。資訊權往往來自一個人扮演什麼樣的角色，例如長老祖利就擁有資訊權。他知道賦予黑豹超能力的草藥有哪些秘密。祖利知道如何賦予這樣的力量，也知道如何將其拿走。在你自己的組織裡，你可以好好思考是誰擁有這樣的資訊權。在某些情況下，決定你能取得電腦檔案和組織中資料的權限，其實是由一個員工決定的。他們能控制你的權限範圍，因此能控制你對這個組織的了解。

　　另一種權力基礎是法蘭琪及雷芬（French & Raven）提出的「獎賞權」（reward power）。獎賞權的定義是領導者能給予他人獎賞的能力。帝查拉與特工羅斯（Agent Ross）之間的互動，就是獎賞權的有趣範例。那時候，特工羅斯相信瓦干達就是落後的國家，並認為瓦干達應該會誠摯歡迎美國政府的幫助。羅斯隨即在與帝查拉

的互動當中，試圖展現自己的權力。帝查拉則是遇到自己的朋友烏卡比（W'Kabi）時，也會展現自己的獎賞能力。烏卡比與反派角色克勞（Klaw）有一筆舊帳要算，因為是克勞殺害了烏卡比的雙親。帝查拉答應烏卡比會把克勞帶回瓦干達並繩之以法，因為他要為父母報仇，烏卡比非常渴望這個獎賞。由於沒能兌現承諾，帝查拉害了自己，後來反而是「殺人機器」齊爾蒙格在進入瓦干達時，將克勞的屍體帶到烏卡比面前。

　　想想看自己在職場上的經驗。獎賞權又會如何影響你對一個領導者的看法呢？獎賞是強而有力的動機，而且領導者可以用許多方式使用它。有些獎賞比較正式，並且包含在你的職責中。其它獎賞則是要看情況，而且是別人可能渴望的實質獎勵，例如，如果你有控制行程的權力，這就是一種獎賞權。傳統的獎賞權還包括發配獎金、核准休假，以及加薪等權力。

　　通常，獎賞權與另一種稱為「法職權」（legitimate power）的權力形式有關係。法職權是一種正式的權力，這個權力源自於一個人在組織中的職位。在黑豹裡，奧科耶將軍擁有支配皇家護衛隊（Dora Milaje）的法職權。她能夠發號施令，是基於她的將軍以及皇家護衛隊公認領導者的身分。要知道自己對什麼事情具有法職權，最容易理解的方式就是去看你的職務說明以及組織架構圖。以你的直屬主管為例，組織某種程度地賦予他主管權力，讓他控制你的工作，這就是最明確的法職權。在黑豹中，「殺人機器」齊爾蒙格與帝查拉之間的拉鋸戰，就是法職權的問題。誰才是真正的繼位者？電影裡，大家使用了不同的權力來源，都是在企圖獲得黑豹一職所擁有的法職權。在最終戰役裡，也能看見這樣的法職權之爭，因為即使帝查拉回歸了，瓦

干達的軍隊仍然回應了「殺人機器」齊爾蒙格。在這情況下，瓦干達軍隊可以選擇追隨擁有法職權的人（齊爾蒙格），或是擁有參照權的人（帝查拉）。

最後的權力來源是領導力學者建議大家最少使用，但在漫威電影宇宙中也是反派角色最常用的「強制權力」（coercive power）。獎賞權的下一步就是強制權力：強迫別人做他們不願意的事。《黑豹》電影中的例子，就是齊爾蒙格在拿到能賦予他超能力的草藥後，直接把藥草園燒掉。他忽視女祭司的意願，強迫她們這麼做的。你在職場裡，可能曾看過有毒領導者（toxic leader）強迫員工做出違背其意願的事情。領導力研究者不建議經常使用這種權力形式，這對員工的工作滿意度可能會有負面影響（Faiz, 2013）。

無人管制的強制權力會形成長期、有害的領導方式，稱為不當督導（abusive supervision）。漫威電影宇宙中可以在許多反派領導者身上，看到許多形式的不當督導。恐怖組織「十環幫」（Ten Rings）的領袖就是一種不當督導，強迫許多成員做出違背意願的事情。齊爾蒙格也不斷強迫皇家護衛隊，直到他們選擇反抗。強迫行為往往是為了滿足領導者自己的需求，而忽略了追隨者（我們在第 11 章會更深入討論追隨者與領導者）。

領導接班不順利時

許多組織在選擇領導者時，經常碰到的一個重要議題就是組織的領導者遴選系統如何運作。麥肯泰爾與葛林 - 修特吉（2011）表示，當「領導梯隊」（leadership pipeline）系統出現阻礙，組織可能會

面臨負面結果。這些系統的維護，需要組織反思其決策的方式與原因。「殺人機器」為什麼會有機會成為黑豹，這就是所謂有阻礙的系統的一個很好的例子。若在父系王家繼承制度之下，一個主要的競爭者也能面臨挑戰，這或許不是選擇下一位國王的最佳方式。

瓦干達的王室遴選制度裡，走錯的每一步基本上都是因為計畫不周。讓「殺人機器」齊爾蒙格重啟挑戰制度，或許以遊戲規則來說是正確的，但結果並不是正面的。接班人計畫過程必須是公正且一致的，但也不應該單單為了程序正義，而失去找到最適領導者的最終目的。瓦干達失效的繼承系統，差一點害得瓦干達的科學與技術被用來攻擊世界各地。

要讓一個組織修正其失效的領導者遴選系統，每一位員工必須相互合作。齊爾蒙格被錯誤地賦予黑豹職位時，舒莉、拉瑪達與娜奇雅（Nakia）必須找到另一個黑豹的最佳人選。他們找到恩巴庫，雖然他反對帝查拉繼位，但至少他是一位有榮譽心的人。這代表恩巴庫與其他繼承人選之間所有用的參照權。恩巴庫幫助治療帝查拉，並且幫他奪回黑豹的權杖，即使他與帝查拉之前有過嫌隙，他還是選擇這麼做。帝查拉展現一個領導者的可靠性，因此獲得了恩巴庫的敬重。帝查拉選擇展現寬容之心，加強了他的參照權，因此在尋求恩巴庫的協助時派上用場。

當你在考慮自己在組織裡該採取什麼行動時，依照這些權力來源思考，或許是不錯的選擇。你有辦法獲取哪些權力來源？哪些權力來源能幫助你達成身為領導者的目標？即便沒有正式的領導職稱，權力還是有用的。它還是能幫助你進入一個領導者的角色。

　　一個人的工作裡，領導力的涵蓋範圍很廣，工作中的各方面，無論是人際關係、專業知識，或是正式交代給你的事情，也都能提供權力來源。帝查拉利用了所有權力來源讓他佔上風，最終擊敗齊爾蒙格。齊爾蒙格卻是只利用了強制權力與法職權。請想像你有一位同事，他只做正式工作內容所列出的項目，其它事情一概不管；齊爾蒙格就是這樣的領導者。相較之下，帝查拉能識大體，利用自己的關係、知識與獎賞能力，激發追隨者幫助他重返王位。

重點摘要

　　這一章中，我們討論了建立領導梯隊的重要性。第一個重點在於，要在組織中招攬有效領導者，尋找有領導力的人才。沒有好人才，就沒辦法開發高潛力領導者。我們也討論了如何辨識擁有領導者必要能力的高潛力人才，並特別提出如何使用客觀的領導能力評估方式，找出高潛力領導者。客觀評估系統不只能幫助組織辨識高潛力的領導人才，也能幫助組織減少偏見。減少偏見能幫助組擁有更公平的平台，提供不同背景（如性別、種族）的員工更多機會。

　　接著，應該提供這些高潛力領導者學習機會，幫助他們發展領導能力。建立一個正式、清楚的培訓過程，能最有效開發未來領導者。

　　選擇領導者時，領導者的權力來源特別重要。本章討論了 6 種權力來源。「法職權」指的是正式職位說明裡所列出的領導責任。「獎賞權」指的是一個人透過他的職位能賦予他人獎賞的權力。「資訊權」指的是領導者擁有的資訊，而這種資訊可以選擇與他人分享或不分享。「參照權」指的是追隨者對於領導者的情感。「專家權」指的是一個人因為擁有一個領域的專門知識，而成為領導者。「強制權」則是指領導者強迫下屬聽命行事的能力。這些權力來源都可能成為一個人被選為領導者的原因。

第 3 章

雜牌軍團由誰帶領？星際異攻隊中的
共享式領導與團隊領導力

超級英雄團隊往往要面對跟權力有關的問題。雖然每一位英雄都能獨當一面，甚至屬害到能當自己的電影主角，但有時會被要求團結一致，共同對抗更龐大的威脅。復仇者聯盟的組成，就是為了聯合對抗難以單獨應付的強敵。《星際異攻隊》系列電影中，這些在太空世界裡格格不入的各路英雄好漢也是類似的處境。一群強大（或特別專業）的個體加入一個團隊時，領導策略可能會遇到一些困難。某些情況下，團隊裡會出現權力與領導力之爭。

有才華的人所組成的團隊經常採取「共享式領導」的模式。這一章裡，我們會談到共享式領導對團隊有什麼好處。我們會討論團隊在一個領導者的帶領下，如何運作、如何與彼此互動，以及如何以一個團體為正式的單位，與其它團隊互動。最後，我們會討論如何利用共享式領導與團隊領導理論，幫助你的團隊茁壯成長！

我們是同一隊

在我們的職業生涯與漫威電影宇宙裡，團隊都是很常見的一部分。當組織越來越扁平化，團隊成了組織功能的基本構成要素（Randall et al., 2011）。許多組織擁有在地理上分散的團隊，但能利用通訊科技彼此溝通。團隊成員擁有各式各樣的能力，能幫助團隊解決更大、更複雜的問題。因此，團隊一般能做出更好的決定，更有效地利用資源，也更有創意（Ilgen et al., 1993）。組織知道團隊是有效率的，但問題是要如何持續開發這些效能呢？

組成團隊時經常會忽視的一個要素，就是要讓團隊真的感覺自己是一個單位、一個團隊。團隊要有效率，就必須讓他們意識到這是真正的團隊（而不是剛好在同一個地方工作的人）。而真正的團隊必須符合3個要素：1. 成為團隊成員需有明確的門檻、2. 工作有相互依賴性，以及3. 成員穩定。團隊要意識到彼此是緊密結合的單位，了解共同的目標，並且感受到有哪些成員。沒有這些特點，就不是真正的團隊（Wageman et al., 2005）。

漫威超級英雄知道團隊合作的重要性，但要讓他們意識到自己是團隊的一員卻是一個挑戰。即使是單獨行動，英雄也會結伴同行。問題是漫威英雄都習慣獨自應付自己故事裡的壞蛋，這些超級英雄需要知道什麼時候該組隊，以及如何組隊，才能變成更強大的團隊、應付更龐雜的問題。每一個成員在加入《星際異攻隊》之前，都有這樣的問題：彼得・奎爾（Star Lord，人稱「星爵」）雖然與自號「破壞者」（Ravagers）的太空盜賊合作，但他仍認為自己是個帥氣的獨行俠。葛摩菈（Gamora）因為並非自願加入，而企圖離開與養父薩諾斯的團隊。德克斯（Drax the Destroyer）自認唯一任務就是替家人報仇。格魯特和火箭浣熊將彼此視為夥伴，但不覺得需要擴大團隊。他們都是個性鮮明、擁有自己目標與能力的個人，但是他們想要成功，就必須視彼此為團隊的一員。

　　星際異攻隊在一個星際監獄裡被迫組成團隊，開始他們的歷險。你或許在工作時，也曾加入一個極力抗拒共事的團隊。火箭浣熊與葛摩菈都習慣單獨行動，火箭浣熊能計劃出逃生計畫，並且自己修復武器，但要逃出監獄，火箭浣熊意識到他需要星爵、葛摩菈與德克斯的幫助。每一位星際異攻隊成員意識到了共同的目標，以及他們需要彼此才能逃走。團隊只有在意識到自己是團隊時，才是真正的團隊。逃出監獄後，星際異攻隊才成為真正的團隊。星際異攻隊有了許多共同的任務（如：逃獄、控訴者羅南、偷回無限寶石），也認定了核心成員。雖然組成團隊與領導力或許有違直覺，但如果團隊不將自己視為團隊，根本無法領導。

　　建立了團隊認同後，團隊領導者才能開始發展或創造一種領導風格，這個過程因不同的組織而異，有些組織會正式任命一位領導者。在漫威電影宇宙中，這類領導者比較像是尼克·福瑞和雷霆·羅斯將軍（General Thaddeus "Thunderbolt"）。福瑞和羅斯都曾在軍隊服役，也有正式的領導者頭銜（如「上校」）。例如在第二章所討論，正式任命的領導者有正式的權力。福瑞不只能激勵其追隨者（例如寇森探員），也擁有神盾局長頭銜所賦予的特定權力。在神盾局這種能正式掌控的組織，或在雷霆將軍帶領的美國政府軍隊中，不會有人懷疑該由誰當領導者，因為這已經指派清楚了。但不是每一個團隊都有這麼明確的權力分級。

　　在《星際異攻隊》裡，每個成員一開始的能力不相上下。從星際異攻隊一開始在柴達星球（Xandar）鬧事，就可以看出每一位成員的實力旗鼓相當。在被捕獲前、尋找無限寶石的途中，每一位成員又各自展現了自己的才能，以及他們能如何相互抗衡。在第一次的戰役中，

星際異攻隊非但沒有獲得勝利，還被新星軍團（Nova Corps）抓捕入獄。

團隊合作方式百百種，也需要特殊的領導過程。希爾的團隊領導模型（Hill model of team leadership）能幫助我們更加理解一個團隊如何運作（Zaccaroet al., 2001）。「希爾領導模型」提出，團隊中的領導決策，通常是與任務和人際關係有關的內在行為，以及團隊在應付外部環境之下的外在行為有關。我們會在第九章更深入討論外在行為，這一章裡，我們會把重點擺在領導者的內部團隊決策。

在希爾領導模型中，領導者會基於對團隊內部活動的觀察，以及外部環境而做出決策。領導者如何看待一個問題或議題，會影響他選擇將焦點擺在任務導向行為，還是關係導向行為，也會回應外部環境中的一些改變。任務導向行為（task-oriented behaviors）將重點擺在團隊的工作，往往包含決策、維持特定標準、目標聚焦，以及成果管理。關係導向行為（relational behaviors）指的是能幫助改善團隊關係的行為，像是指導、合作、衝突管理，以及建立團隊認同。這些行為能維持團隊表現的社會環境。這也是為了幫助團隊更有效率地工作所採取的行動。這些選擇最終都是為了改善團隊效能。

團隊效能（team effectiveness）的定義與團隊績效（團隊成果）和團隊維護（讓團隊維持下去）有關係。希爾領導模型一般認為，領導行為是著重在以團隊為單位的問題解決方式，領導者會根據自己的選擇，針對如何解決問題而做出重要決策。他們是選擇關注如何維護團隊，還是幫助團隊改善效率，對團隊效能有非常重大的影響。

團隊領導模型的一個例子出現在星際異攻隊中，當隊員討論該

如何尋找無限寶石時，火箭浣熊因為被稱為害蟲而大發雷霆，這句話對他是非常大的侮辱。星爵看到這種情形，選擇處理團隊的人際關係。在希爾領導模型中，這會被稱為「關係行為」（relational action）。星爵決定花時間認同火箭浣熊，讓他清楚知道沒有人把他當作害蟲，也幫助他冷靜下來，讓他覺得自己是團隊真正的一員。星爵利用他的人際關係能力幫助火箭浣熊，讓他感受到自己是團隊的成員。復仇者聯盟在紐約之戰中對抗齊塔瑞星人（Chitauri）時，也有類似的互動。美國隊長在這場景中負責指揮，並著重在每一位復仇者必須完成的重要團隊任務。值得注意的是，每一個正確的決策是因為領導者知道要讓團隊在這些情形之下成功，團隊需要的是什麼。某些情況下，領導者要下達命令（像是去找個沙威瑪攤販）；其它狀況下，他們需要建立更好的關係（一邊吃著沙威瑪）。

　　在職場中，你可能看過團隊需要領導者在不同的問題出現時，採取不同的行動。很多時候，領導者需要幫助隊員重新釐清他們手上的任務是什麼。好的領導者必須能清楚定義每個人在團隊裡扮演的角色。在復仇者聯盟系列電影中，每當一個角色需要釐清狀況，他們都能仰賴美國隊長或鋼鐵人的指引。然而，領導力不只是會做事情而已，在組織裡要維護一個有效率的團隊，需要有堅強的關係。許多人都有這種經驗，有些老闆會過於專注在眼前的任務，而未能有效管理人際關係。在其它情況下，又有些領導者會過於在意這些關係。

　　在希爾領導模型中，領導者對情況的判斷，會影響他們選擇將注意力放在任務上還是人際關係上。當你成為團隊的領導者，你也需要依據團隊目前的需求，決定採取哪一種策略。

共享式領導力

　　超級英雄團隊裡都是擁有高度專業能力、能自己管理任務的成員。但是一個超級英雄團隊的組成，通常是為了對抗每位英雄無法獨自應付的超級反派。復仇者聯盟一開始是為了對抗破壞之神洛基以及他的外星人軍團，而組成的聯盟。星際異攻隊為了阻止控訴者羅南幫助薩諾斯找到無限寶石，而組成團隊。每一個團隊都擁有高度能力的成員，而團隊需要這些能力，才能有辦法對抗強大的敵人。這些團隊要成功，必須要有堅強的團隊合作。一群高效率的團隊成員，有時不需要很明確的領導者，但是需要清楚的能力劃分。這樣的能力劃分，就需要一種稱為「共享式領導力」的領導策略，這個策略在第一章裡略微提過。

　　共享式領導力的定義是：團隊成員共同分享一個分散式的領導影響力（Carson et al., 2007）。這種共享影響力的模式，只有當成員有類似的團隊能力，以及在特定情況能發揮獨特專業的情況，才有可能發生。每一個成員都有他獨特的專業，只要符合這些專業能力的範圍，他們也能被要求做不同的工作。若沒有人能明確地發號施令和控管結構，每個成員能力也不相上下時，共享式領導或許是最好的團隊領導策略。

　　團隊也經常被稱為領導力替代品。只要能夠減少追隨者需要仰賴領導者的情況，都能被稱為領導力替代品（Schriesheim, 1997），這些替代品能實行類似領導力的功能。「領導力替代」（leadership substitutes）是在不需要正式領導者的情況之下會使用的模式。能自主管理的團隊通常沒有正式任命的領導人，團隊都是透過共享式領導的過程運作。

在共享式領導與團隊合作上，《星際異攻隊》就是非常有說服力的例子。星際異攻隊中，每一個成員在不同時刻都能展現領導能力。每個團隊成員的能力相當，雖然星爵和火箭浣熊有時會相互較勁，但沒有人是明確的領導者。當下誰當領導者，取決於團隊當時的需求。星際異攻隊剛開始凝聚時，星爵試圖說服德克斯與葛摩菈一起加入。即使德克斯討厭葛摩菈，星爵說服他為了逃獄而加入他們。

組成團隊後，星際異攻隊出現第一次的領導轉換。火箭浣熊成為發號施令的領袖，因為他能幫助大家逃獄。他向星際異攻隊說明了整個越獄計畫。團隊成員認同他的專業，並且仰賴他的知識帶領他們逃出監獄。火箭浣熊指派每個人要扮演的職位，全員開始行動（雖然一開始是因為格魯特沒有聽令行事、搶先一步出動）。由於每個成員都有能力付出，被賦予任務時，他們都能發揮作用。這個團隊不需要過多的監督，就可以執行任務、幫助火箭浣熊完成計畫。

當星際異攻隊開始前往無知領域（Kno-where）去找「收藏者」時，他們的領導角色再次改變。葛摩菈擔起責任，並告訴星際異攻隊他們必須等待見到收藏者。星爵此時開始著重團隊之間的人際關係。他在酒吧打架時，修復德克斯與火箭浣熊之間的關係，處理他們在團隊裡對於深刻友誼的需求。星際異攻隊在無知領域遭受攻擊後，星爵改將他的焦點放在取得無限寶石，還有救回葛摩菈。星爵指示火箭浣熊利用飛船抵擋涅布拉（Nebula）與其軍團的攻勢，讓星爵可以救出葛摩菈。在這些情況下，可以看到領導的角色不停轉換。

星際異攻隊的共享式領導，在他們第一次的冒險即將結束時尤其明顯。他們圍坐在一起，討論該如何對付控訴者羅南，以及弄丟無限

寶石後該怎麼辦。共享式領導可以幫助團隊處理衝突，更有效率地做決策（Bergman et al., 2012; Hu et al., 2017）。既然團隊沒有清楚的領導結構，他們在討論該怎麼對付控訴者羅南與無限寶石時，團隊出現了明顯的意見分歧。星爵此時提醒大家他們共同失去的事物，並將重點放在如何修復彼此的關係，為他提出的計畫達成共識。星爵用真正的領導者行為，特別是內化的道德觀點，指引星際異攻隊做出正確的選擇。共享領導力的團隊必須能夠管理衝突，真正需要時，星際異攻隊展現了這項能力。每個隊員一起做出對的決策，並選擇相互合作，共同對抗控訴者羅南。只有健康的團隊關係，以及星爵的領導實力，才能達成這樣的結果。

個別隊員展現領導行為時，也能體現共享式領導。在星際異攻隊裡，一些意想不到的成員展現領導能力時，也會發生這種情況。當對抗控訴者羅南的情勢不妙時，格魯特對星際異攻隊喊出「我們是格魯特」，意指他們是共同的團體，並且認同星際異攻隊是一個真正的團隊。格魯特的犧牲，凝聚了團隊的向心力。「真誠領導」（authentic leadership）的相關研究（George et al., 2007）顯示，真誠的領導者發自內心地願意為他人服務。

格魯特的犧牲是真誠領導的一種形式，他幫助團隊共同對付羅南。在面對活體星球伊果（Ego）時，破壞者德克斯也有能力對「螳螂女」（Mantis）精神喊話。德克斯大聲訴說他相信螳螂女能幫助他們對抗這位星際敵人。這是常見的領導者行為，能幫助追隨者建立完成任務的能力。

星際異攻隊在柴達星球面對控訴者羅南時，他們也展現了共享式

領導的特質。羅南開始毀滅星球之前，星爵與火箭浣熊展開了彼此的計畫。星爵開始一串舞蹈動作，火箭浣熊利用這時機打造武器，兩者都是受到格魯特的啟發，開始相互配合。葛摩拉牽起星爵的手，他們才能一起握住無限寶石，此舉象徵了共享式領導的責任。他們將自己視為星際守護者，並且在未來的任務中，接受彼此作為團隊的一員、以及有潛力的領導者。

星際異攻隊無論是在分別行動或與其它團隊合作時，都能展現他們的共享式領導能力。與活體星球伊果的冒險中，星爵說出他們對抗伊果的任務，此時，火箭浣熊也計劃要利用炸藥毀滅「天神族」（the Celestial）。共享式領導中，常常看到這種互相配合的形式，當一個成員登高疾呼，隊員便能實行，因為他們知道如何有效管理彼此的關係與各自的任務。

星際異攻隊的適應能力在《復仇者聯盟：無限之戰》對復仇者聯盟的橋段中，更是特別寶貴。星際異攻隊能分頭行事，派遣火箭浣熊幫助索爾打造一個新的雷神之鎚；星爵與其他成員，也能支援鋼鐵人、蜘蛛人與奇異博士對抗薩諾斯。即使看起來整天在吵架，星際異攻隊展現了共享式領導在自主管理團隊的效能。

顯然，共享式領導的意思是：團隊的任何成員都能是領導者。被賦予責任的員工能自告奮勇，以不同方式展現他們的領導能力。共享式領導的意思是團隊成員相互支持，釐清任務、提供資訊與其它形式的支援。強健的團隊成員有能力做出貢獻、有效率，也知道如何管理彼此。但這些團隊需要高度的團隊認同、團隊信任與衝突管理能力。建立團隊認同需要時間，但如果能讓團隊感受強烈的共同目的與目標，

就能幫助他們發展共享式領導的能力。

在自己的組織裡，你能透過打造團隊協調能力，建立更強的共享式領導或團隊領導力：為每一個隊員創造明顯的共同願景與清楚的職責；要確定團隊知道如何與彼此共事、有效率地合作；以及建立通暢的溝通與資訊共享管道。如果都能做到，你就有一個能共享領導力的團隊。在利用共享式領導模式之前，團隊必須能展現適當的團隊能力與個人能力，才能在組織的範疇之下管理一個團隊。

重點摘要

　　領導者很重要，但團隊也是。某些情況下，團隊可以變得獨立自主，不需要正式的領導者。要打造一個能彼此領導的團隊，第一步是要讓他們感受這是一個團隊。有效的團隊領導力需要有團隊認同，包括團隊的互相依賴性、穩定的成員，也需要每一個團隊成員都意識到他們是團隊的一員。

　　我們利用了希爾領導模型（Zaccaro et al., 2001）討論團隊能如何透過任務導向或關係導向的內部活動，有效率地共事。領導者選擇著重任務或是關係的行為，對整體團隊的效率有重大影響。好的團隊領袖需要知道，何時該使用哪一種技巧來維護這個團隊。團隊領導者也需要同時注意到，團隊的任務以及團隊成員之間的人際關係。

　　最後，我們討論了在共享式領導之下，團隊能自主管理，沒也有清楚指派的領導者。在這種情況下，團隊需要高度專業的成員，他們需要知道在何時何地相互合作。自主管理的團隊只有在成員都知道如何彼此相處，並且有足夠的工作能力完成必要任務時，才能有效運作。採取共享式領導的團隊，需要相互討論並設立界限，才能有效率地完成工作。

第 4 章

能力越強，責任越大：蜘蛛人與導師制

　　所有英雄都會面臨挑戰，但漫威電影宇宙裡的超級英雄之中，無時無刻都要在自己的超級英雄身分，以及平民生活之間保持平衡的，莫過於我們友善的鄰家蜘蛛人：彼得·帕克。彼得（以及所有披著蜘蛛人標誌的人）要面對這麼多的困境，難怪蜘蛛人需要有人引導。無論是彼得在號角日報（Daily Bugle）的日常正職工作，管理史塔克的鋼鐵蜘蛛（Iron Spider）裝，還是邁爾斯·莫拉雷斯第一次學會使用蜘蛛人超能力時，蜘蛛人家族中的每一個成員都需要有人引導。通常，這個引導方式會透過導師制的形式出現。

　　領導者需要導師，因為領導往往是跟超級英雄一樣孤獨的職位。組織裡最常見的領導力培養機制之一，就是導師制度（Kim, 2007）。研究顯示，導師制度確實能發揮作用（Eby et al., 2008），也能有效培養領導能力（Stead, 2005）。在這一章中，我們會討論「導師」（mentor）與「導生」（mentee）的最佳配對方式；如何管理導生關係，建立導師制度；以及如何透過同儕或團體輔導（group mentoring）建立師生之間的共同願景。

有好的導師，就有好的領導能力

　　導師是一位在你的職業生涯中，走過你想走的路，又能夠在這條路上給你指引、與你相伴的人（Reece & Brandt, 1993）。對未來的領導者而言，導師有兩個重要的功用：1. 他們是職涯發展行為的模範；以及 2. 能提供他們的導生（或徒弟）社會心理（psychosocial）方面的支持（Kram, 1985）。彼得與東尼・史塔克（Tony Stark）之間的關係就有這兩種功用。史塔克對彼得而言，是很有啟發性的人物，因為他是擁有一間科技公司的億萬富翁，他能為彼得的未來提供洞見。史塔克對彼得的信任，也是莫大的精神鼓舞。即便在史塔克過世之後，彼得需要建議與引導時還是會想到要找他。

　　彼得在成為復仇者的過程中，史塔克也會提供精神上的支持。當彼得決定忽視他最重視的導師：他的大伯班・帕克（Ben Parker）的孜孜教誨時，他才真正開始走在成為英雄的路途上。班曾對彼得說過權力帶來責任，但直到彼得失去了班，他才領悟到這句話的意思。領導者或是希望成為領導者的人，最常面對的挑戰之一，就是能否聽進導師的話，並且接受他們的指引。但為什麼彼得這樣的人要忽視這位導師，甚至如父親一般的人的意見呢？尤其考慮到他身為蜘蛛人要面對的生理變化，他為什麼要這麼做呢？要釐清這個問題，我們必須知道好的導師與徒弟該如何配對。

　　建立有效的導師制度，我們要考量師徒配對（mentor matching）的問題。如果徒弟認為他的導師跟他比較像，他們會對把彼此的關係看得比較正面（Mitchell et al., 2015）。彼得剛獲得超能力時，他不再認為自己與大伯有任何相似之處，所以開始忽視這位

導師的意見。彼得在當超級英雄時，會遇到其他導師，像是八爪博士（Doctor Octopus）和史塔克，並且開始與他們建立導師生關係。在史塔克和八爪博士身上，彼得看見他們同為科學家，因此更有關聯性。但我們要如何辨認哪些導師適合哪些徒弟呢？

波茲曼（Bozeman）與費尼（Feeney）在 2008 年提出師徒配對的「適配模式」（goodness-of-fit model）。這個模式將導師與徒弟之間的一對一關係，拆解成 3 個重要部分，在每一部分裡，為導師與徒弟分別設下目標。師徒關係中的第一部分，被稱為「資源稟賦」（endowments）。資源稟賦是指導師與徒弟各自能為這關係帶來的東西。導師的資源稟賦可能包括職場上的知識、工作經驗、社會資本，以及溝通能力。換句話說，導師在職場上是否受到敬重，以及能否為徒弟其功適當的資訊。而徒弟的資源稟賦可能包括溝通能力、學習能力，以及知識。換句話說，徒弟在這個導師關係中，能否有效率地學習與溝通？彼得‧帕克第一次遇見美國隊長時，彼得立刻對他展現敬意，顯示他願意與他形成師徒關係（雖然他搶走了美國隊長的盾牌）。當彼得遇見變成反派人物八爪博士之前的奧托‧岡瑟‧奧克塔維斯博士（Doctor Otto Octavius）時，他也有類似的反應。當彼得與奧克塔維斯博士建立師徒關係時，他清楚說明了奧克塔維斯博士的知識，無論是個人智慧還是科學知識，都對他是有價值的。

師徒關係中的第二部分被稱為「偏好」（preferences）。偏好與是否想要建立導師關係有關聯。對導師而言，偏好會影響他們是否認為與他人分享知識是有價值的。對徒弟而言，問題則在於他們願不願意接受這些他人的知識。導師的指導意願與徒弟的熱情向學之間，在《蜘蛛人：新宇宙》（Into the Spider-Verse）出現一些分歧，

因為彼得‧帕克不願意當邁爾斯‧莫拉雷斯的導師。邁爾斯等不及要知道對於來自異宇宙的彼得，當蜘蛛人是什麼樣的體驗。但彼得卻很不情願理睬這位徒弟，造成師徒關係的建立出現阻礙。彼得與班大伯（Uncle Ben）也有這樣的分歧。彼得等不及想知道班大伯對於真正的超能力有什麼樣的理解，畢竟在彼得的世界裡，班‧帕克是沒有超能力的。直到彼得失去了班，他才真正理解到這位導師說的話有何可貴之處。

師徒關係中的第三部分是關係本身的「內容」（content）。這是指在這種社會互動中，究竟分享了什麼內容。徒弟與導師都有可能受到這樣知識交換的啟發。徒弟接收到知識，理解職涯中最適合的道路，導師則能獲得關於組織現況的珍貴資訊。雖然我們會想像導師制度只是單方面的輸出，研究卻顯示導師制度對雙方都有益處。彼得‧帕克與邁爾斯‧莫拉雷斯的關係中，能看出內容的重要性。彼得一點指導的意願都沒有，但身為在異宇宙的訪客，當邁爾斯帶他去他最喜歡的漢堡店時，他還是能感受到這關係的價值。邁爾斯認為這是絕佳的學習機會，但看到彼得對於分享知識如此不情願，也感到很挫折。在導師制度中，雙方都必須投入才有辦法實行。

導生的適配模式也凸顯了，為什麼史塔克與彼得之間的導師制度會不斷發生衝突。在《蜘蛛人：離家日》（Far From Home）裡，彼得大部分的朋友都受傷後，他與東尼‧史塔克發生一場激烈的爭論。史塔克告訴彼得，他在彼得身上看到很多自己年輕時的身影，因此他要試圖阻止彼得犯下跟他一樣的過錯。彼得指控史塔克，只因認為他是小孩，而聽不進他說的話。在這情況下，如果史塔克能更注重彼得說的內容，並且能更有效地溝通、聆聽，他們就能一起解決問題。

我們能從這種導生適配模式中學到什麼教訓？首先，要找到適當的導師，需要花一點時間。找到同時擁有適合的資源稟賦、偏好與內容，並不容易。但在尋找新導師的同時，發展自己的資源稟賦也同為重要。在成為領導者的路途上，你要知道自己也要為這樣的師徒關係帶來必要的知識。這個模式清楚勾勒出導師制度是雙向的，成功的導師制度，其過程必須對雙方都有價值。如果你現在已是領導者，正在思考尋找一名導師，要考慮自己能為這段關係帶來的價值，以及身為徒弟，你能從中獲得什麼。許多導師會在分享自己的洞見，培養新一代領導者的同時，獲得關於組織內部的情報或辦公室政治的資訊。

找到自己的方法

導師與徒弟之間的關係，會受到許多因素影響。研究顯示，其中一個重要的影響是雙方的相似性，特別是個人背景特徵方面的相似性。恩舍與莫非（Ensher & Murphy）在 1997 年的研究顯示，種族的相似性會影響徒弟對於一段師徒關係的感受，也會增進導師與徒弟之間的接觸。依照種族將導師與徒弟配對，能在領導培訓過程中幫助徒弟進步。不過，即使是種族適配的導生，也不一定能保證完全適合。在《蜘蛛人：新宇宙》中，邁爾斯認為他的父親傑佛森（Jefferson）不是適當的導師，反而更認同叔叔亞隆（Aaron）。當邁爾斯越了解傑佛森和亞隆，他越能理解兄弟倆之間的不同，以及為何傑佛森反而會是更好的導師與榜樣。重點是，以人口特徵來考慮適配性是不夠的，但這樣的特徵也有可能影響師徒關係的發展。領導培訓中，相似背景的導師與徒弟之間，或許能分享彼此的觀點，共同經驗能幫助加深師徒關係。《蜘蛛人：新宇宙》裡，各種蜘蛛人物都有一個明顯的特徵：

他們都同樣失去過至親。這層連結將他們凝聚起來。

　　對導師而言，這些相似性能幫助他們引導徒弟。雖然一開始對於肩負起導師的角色有些猶豫，史塔克成了彼得‧帕克非常重要的導師。與彼得共事時，史塔克企圖保護他，告訴他當英雄的意義，不讓他犯下同樣的過錯。邁爾斯與彼得‧帕克之間，也有類似的經驗。雖然一開始也猶豫要不要當導師，但彼得‧帕克發覺自己與邁爾斯有許多相似之處，幫助邁爾斯度過一開始成為蜘蛛人的階段。雖然人口特徵的相似性很重要，但是導師制度的目標是創造共同願景，這對形成高品質的師徒關係影響最大。

　　研究顯示，人口特徵對於導師與徒弟之間的關係品質確實有影響，但對接受指引的徒弟而言，最重要的是相關知識的交疊（Carapinha et al., 2016）。與導師建立關係或成為徒弟時，最好將焦點放在共同之處，尤其是共同的知識。確保這個關係中的資源稟賦是清楚的，如此一來，導師與徒弟皆能從這段關係獲得最好的體驗。身為導師，你能透過凸顯相似之處，影響你與徒弟的關係，並且從理解與關心徒弟的角度出發。

　　擁有相似之處固然重要，但師徒之間的差異，對這關係也很有價值。研究顯示，導師制度中，男性與女性能提供不同價值；男性導師會提供更多職涯發展方面的支持，而女性導師則會花更多時間提供社會心理方面的支援（O'Brien et al., 2010）。邁爾斯在獲得梅姨（Aunt May）的引導，但從兩人的關係中也能看到性別角色帶來的差異；梅姨失去她的彼得‧帕克時感到悲痛萬分，而邁爾斯也在失去亞隆叔叔時有相同的感觸。但是邁爾斯的父親傑佛森，在扮演導師時比較不

擅長處理情緒方面的內容，例如在邁爾斯的宿舍門口時，他發現自己與邁爾斯難以溝通。傑佛森比較擅長在自己的巡邏車裡，對邁爾斯提供各種職業生涯方面的建議，例如鼓勵邁爾斯上私立學校，認為他一定能表現得好。但對邁爾斯培養領導能力上，兩位導師都是關鍵人物。不同的導師能提供不同類型的支持，討論到「同儕輔導」（peer mentoring）時，我們會再討論一次。

以《蜘蛛人》系列電影為例，我們能看到一個共同主題：大家都要思慮再三。許多資深的領導者似乎對於成為導師都會有所猶豫。有些領導者認為這是浪費時間，其他人則會覺得自己沒有什麼能提供給下一代領導者。給那些還在猶豫的領導者、或是想要說服領導者成為導師的徒弟們參考：研究證實，參與導師制度對職涯有著正面的影響。參與正式的導師計畫的領導者，通常職業生涯更能成功，工作滿意度增加，對組織的認同也會增加。在正式的導師計畫之下，導師獲得的跟付出的一樣多。給正在考慮實施正式導師制度的組織：研究結果顯示，導師與徒弟都能從中有所收穫（Ghosh & Reio, 2013）。

正式的導師計畫是由組織支持的導師制度建立的。許多組織會為他們的領導者開發正式的導師制度，要加入正式的導師制度，首先必須要在工作上表現優異。如果你想加入導師制度，你要先能證明自己有相當的工作能力。蜘蛛人向他的諸多導師（史塔克、奧克塔維斯博士、傑佛森）證明自己值得他們花時間引導。有效的導師制度通常會針對特定的技能或行為，同時提供情緒方面的支持。身為導師，你必須能提供職涯相關的資訊，以及心理社會方面的知識。在領導力的培養過程中，導師制度的重點在於人際關係。你能透過與潛在導師建立關係，開始學習如何成為領導者。跟著史塔克或彼得‧帕克學習領導

力的機會一旦出現，務必要把握機會。無論是身為導師還是徒弟，務必清楚說明你在這個導師計畫中的目標。

同儕輔導

不是只有在較資深的同事與資淺同事之間的交流，才能學習如何當一個領導者，領導力的培養也會出現在同儕之間。「同儕輔導」比較像是一種，地位相同的個體之間關係更為融洽的師徒關係（Cornu, 2005）。同儕輔導常見於幫助年輕人成為領導者的青少年輔導計畫中（Andrews & Clark, 2011）。同儕輔導計畫在組織裡越來越受歡迎，因為經理人通常已經忙得不可開交，比較沒時間為了培養新領導者而提供適合的指引（Holbeche, 1996）。

在《蜘蛛人：新宇宙》裡，可以看到明顯的同儕輔導案例。表面上，彼得‧帕克雖是邁爾斯的導師，但邁爾斯也會從團體中的其他蜘蛛人物獲得支援與知識。《蜘蛛人：新宇宙》裡的英雄（暗影蜘蛛人、女蜘蛛人關‧史黛西、潘妮‧帕克，以及豬豬人）比邁爾斯的經驗更豐富，每一位蜘蛛人都能為他的蜘蛛人體驗，提供可貴的專長與觀點。女蜘蛛人關（Gwen）與邁爾斯的關係特別深。女蜘蛛人關認為，邁爾斯與她在自己的宇宙中失去的朋友很像，立刻就能感受到與邁爾斯建立輔導關係能帶來的價值。

同儕輔導的關係之所以行得通，是因為與組織裡的領導者相比，同儕之間有更多相似之處。同儕輔導能夠更坦誠地溝通，雙方對情況的理解差異也較少。某些情況下，同儕輔導也會透過團體輔導進行。

「團體輔導」是指兩人以上的指導關係（Huizing, 2012）。在職涯升遷與領導力培養上，團體輔導有許多益處（Gorin et al., 2020）。《蜘蛛人：新宇宙》裡的各種蜘蛛人，經常以團體輔導的形式相互支持。團體中的每一個成員對他們的發展都能做出貢獻。是這個團體鼓勵彼得‧帕克，讓他成為更強的導師，也成為邁爾斯‧莫拉雷斯的導師。蜘蛛人、女蜘蛛人關、潘妮‧帕克與暗影蜘蛛人，在分享彼此的背景故事時，都能提供彼此心理上的支持。每一個蜘蛛人物都有類似的經驗，因為他們都曾失去重要的人，而以團體輔導的形式進行的分享過程，為其他人物提供一些慰藉。他們各自不同的觀點，能幫助剛披上蜘蛛人標誌的邁爾斯戰勝心魔。一起輔導邁爾斯的每一個蜘蛛人，幫助邁爾斯放手一博、成為屬於自己版本的蜘蛛人。

團體輔導也能幫助領導者培養共同願景。在團體中身為非正式導師的領導者，或是擔任別人導師的同儕，都能建立共同的願景。這是「意義建構」（sensemaking）的一種形式（我們在第9章會再討論）。

擔任導師的過程中，領導者能與團隊成員或組織裡的其他人會發展共同的願景，而團體輔導能協助推進這個過程。與同儕團體合作時，可以透過維持溝通管道建立共同的思維（Farmer et al., 1998）。在團體輔導與個人引導中，導師與徒弟之間持續溝通，是維持高品質師徒關係的關鍵。透過團體輔導的過程，來自異宇宙的團體成員，能為最終計畫創造共同願景。相互支持的同時，也在建立共識。即便必須改變計畫，他們對於目標的共同概念，能幫助這個團體成功將每一個蜘蛛人送回家。

《蜘蛛人：新宇宙》的許多場景裡，都能看見這個同儕之間的溝

通、成長與信任的過程，讓邁爾斯最終成為領導者。隨著故事的演進，邁爾斯從不同戰役中的觀察者，最後在最終戰役成了關鍵的貢獻者。透過與同儕導師女蜘蛛人關的溝通過程，他也有了成長。他的同儕導師與他分享，關於如何使用超能力的寶貴建議。彼得·帕克是比較資深的導師，他替邁爾斯整體勾勒出他的身分，以及未來能成為什麼。彼得·帕克協助創造邁爾斯的發展框架。

　　在同儕、團體與個人的輔導過程，這對你有什麼意義？首先，你要試圖找到符合你的職涯規劃、目標或溝通方式的導師。找一位能幫助你成為自己理想型領導者的導師。第二，善用自己的同儕。在領袖培養計畫中，最好能接觸到跟你一樣也在培養領導能力的同儕。越能建立這種關係，輔導的過程會更有效率。領導力的傳統定義中，經常將領導力分成兩大焦點：任務與關係。因此這種師徒關係，是在被賦予領導權力時培養「關係建立能力」（relationship building skills）的有效方式。

重點摘要

　　在這一章裡，我們討論到導師制度對領導力培養的重要性。導師能爲未來領導者提供可貴的洞察，輔導的過程對導師與徒弟都有益。在輔導關係中，適當地將導師與徒弟配對是一大關鍵，這樣雙方才能尊重彼此的知識、社會資本，並且提供職涯建議的能力。

　　好的導師制度是雙向的，導師與徒弟都能受惠於彼此的知識與社會支援。如果組織沒有足夠資源進行一對一輔導，團體或同儕輔導也是非常有用的代替方式。爲了讓這些關係發揮最大效益，我們要試圖增加導師與徒弟之間的溝通，並且爲了加強領導能力的發展，我們也要著重在建立有效的關係。導師與徒弟也能相互合作，爲團隊打造共同的願景。無論是成爲導師還是徒弟，都只需要放手一博。

領導者如何解決紛爭？

　　想到漫威電影宇宙裡發生的衝突，腦中第一個出現的畫面肯定是英雄與反派之間精彩絕倫的打鬥場景。漫威電影確實充滿這些打鬥畫面，但我們也常看到許多肉身拼搏以外的衝突，連英雄之間也會吵架。漫威電影裡的英雄，往往有自己獨到的觀點與意見，因此容易與人產生摩擦，即便對方也是目標相近的英雄人物。

　　《美國隊長 3：英雄內戰》裡可以看到很棒的例子：當復仇者團隊在討論團隊的未來走向，以及團隊該如何運作、做決策時，大家就吵了起來（後來還開始大打出手）。這個團隊的決策與運作，應該是為了滿足一個國際組織的目的？還是繼續讓成員自己做決定？針對這點，團隊的重要領導者，美國隊長和鋼鐵人的意見出現分歧，而整個團隊也因為這個衝突開始決裂。

　　本章將探討這類衝突的本質，以及復仇者聯盟遇到的其它衝突，幫助我們思考身為領導者，要如何在自己的團隊與人際關係中處理這類衝突。我們會討論研究人員如何觀察並且定義不同的衝突類型，也有研究顯示，有些衝突對團隊而言其實是好事。每個人的衝突管理反應都不盡相同，但協調合作往往是最好的解決方式。我們會幫助你成為更能解決衝突的領導者；無論你要溝通的對象是不是超級英雄，我

們能協助你針對問題進行談判與協商。

泰坦巨人針鋒相對（工作同事意見分歧時）

衝突是當團隊成員（如復仇者聯盟）之間關係開始緊張，意見或價值觀開始出現分歧時會發生的事（De Dreu & Weingart, 2003）。團隊成員可能因此不同意團隊該採取什麼行動，認為某些人的價值觀不妥，甚至無法苟同隊友的某些行為。研究人員觀察了不同類型的衝突後，認為能分成兩大類型：「任務型衝突」（task conflict）與「關係型衝突」（relationship conflict）。任務型衝突的重點在於團隊該做什麼事，以及該如何運用其資源。所以對復仇者聯盟這樣的團隊而言，任務型衝突可能是對於該採取什麼策略才能打敗洛基，有著不同的意見，或像是為了打敗薩諾斯，誰該被分派到不同的小隊、完成各自的任務，又該怎麼分工合作。

關係型衝突則是指人與人之間發生的衝突，是因為彼此的個人特質，像是個人的品味、價值，以及喜歡怎麼與他人共事（De Dreu & Weingart, 2003）。所以，如果鋼鐵人認為美國隊長「太乖乖牌了」，美國隊長則認為鋼鐵人「太憤世忌俗」，這就是一種關係型衝突。

雖然我們會認為團隊出現衝突就是壞事（會說「我們不要吵架！」），研究發現在某些情況下，衝突其實很有幫助，尤其是發生任務型衝突的時候。任務型衝突發生時，團隊成員必須討論並決定該如何達成任務。相較於大家都聽從一個人的想法，這種討論方式能幫助團隊得到更好的結果；研究也顯示，任務型衝突更能激發團隊創意（Lee et al., 2019）。

如果仔細想想復仇者聯盟和他們的行動，這一點就相當合理。在對抗強勁對手如薩諾斯時，團隊需要完整的大計畫，單獨一個復仇者可能無法想到最完整的解決辦法。每一位復仇者都有獨特的經歷、專長，以及對當下情況的意見。透過公開討論、反對，以及對於什麼是最佳行動又出現衝突，一個更新、更好的計畫可能會出現。這個計畫或許主要是鋼鐵人出的主意，但鷹眼可以加上最有價值的部分，讓他們能成功打敗薩諾斯，而不是輸得一蹋糊地。

所以，任務型衝突可以是好事！但我們應該無時無刻都要有任務型衝突嗎？顯然，一直意見不合也不是很好。針對一個任務而發生爭論，能幫助我們找到更有創意、更好的計畫，但任務型衝突有時也會導致另一種關係型衝突。

研究顯示，關係型衝突會實際損害團隊的表現與創意（De Dreu & Weingart, 2003）。所以，如果我們是因為彼此的個性與價值觀而吵架，這會有損彼此的關係。如果你認為一個同事不道德，或是根本不喜歡這個人，你會信任他嗎？即使他們有很好的才能或見解，我們很難接納這樣的見解、相信他們。

在復仇者聯盟系列電影裡，我們能看到美國隊長與鋼鐵人的關係型衝突所帶來的負面影響。他們的價值觀往往會發生衝突。美國隊長比較富有理想，傾向於照著規定行事，就像在《美國隊長3：英雄內戰》裡，如果出現道德上的考驗，他絕不會退縮。相較之下，鋼鐵人就顯得憤世忌俗、很愛挖苦別人，他會願意破壞規則，也願意在道德上退讓。一起出任務時，這種迥異的觀點或許能幫助大家想出更有就創意、更好的解決方式。但是，如果雙方只知道爭吵，要證明自己的觀點與

價值觀才是對的，他們可能根本吵不出一個結論。在討論聯合國應不應該控制復仇者聯盟時，美國隊長與鋼鐵人各執一方，並且認為對方不講理。

他們並沒有重視不同觀點的價值，反而因為這些不同的個人觀點，而認定另一方的觀點完全錯誤、邏輯荒謬。從漫威電影《美國隊長3：英雄內戰》開始可以看到，這種個性上的差異讓復仇者們很難共事，也很難像以往一樣組成一個有效率的團隊（甚至組成團隊都有困難）。

任務型衝突究竟為何會導致關係型衝突呢？想想自己的經驗。如果有人一直跟你唱反調，你會對他有什麼想法？通常，對於意見不同的人，我們會感到很挫折，因此我們也會對他們產生負面的情感。尤其是在討論任務型衝突時，最後總是發生價值觀與個性上的摩擦。當美國隊長認定鋼鐵人就是憤世忌俗，即使鋼鐵人提供有用資訊也會被輕易否定，認為它不重要、只是鋼鐵人的個性的延伸。在這種情況下，關係型衝突會使得任務型衝突變得無效。

研究發現，大部分的衝突並非出現在團體之間，而是出現在個人之間或子群組中。大部分的衝突，就是兩個人之間的衝突（Shah et al., 2021）。所以這類衝突通常發生在兩個人之間，或是整個團隊的次級小團體裡。這種衝突其實能強化團隊表現，如夏亞（Shah）等人在2021年所發現，難相處的單一隊友，或是兩人之間出現爭端所導致的任務型衝突，反而能提升團隊表現。只是當這個任務型衝突升級，變成大部分的團隊成員都出現任務型衝突，這就成了負面的衝突。身為領導者，你能鼓勵團隊出現任務型衝突，但要確保不會升級成團隊裡的每個成員都與彼此意見相左。

如英雄（或一個好的領導者）般解決紛爭

　　無論是不是超級英雄，當人在面對衝突時，最終還是要決定團隊該怎麼做，以及要如何化解衝突。領導人使用的衝突管理策略，可以依照領導者的果決與合作程度分成 5 大類型（Volkema & Bergmann, 1995）。

　　第一種衝突管理策略是「強迫」（forcing），也就是領導者要求其他人遵守他的個人選擇。領導者非常果斷，合作意願非常低。這種策略能成功是因為領導者有非常多的權力，對於發生的事情有掌控能力，但這麼做也會受到隊員的埋怨，鮮少讓他們有動力採取行動（Whetten & Cameron, 2020）。我們可以看到鋼鐵人採取這種策略，因為他提醒復仇者聯盟，他才是一切行動的金主。簡單來說，鋼鐵人在告訴他們：「錢是我的，所以就該聽我的」。如果這個人沒有權力或影響力能讓別人配合他，這個策略就完全無效，所以我們看到美國隊長和一些復仇者，不願同意讓聯合國控制他們的行動。他們有能力拒絕，在這個情況下也決定這麼做。

　　第二種衝突管理策略是「逃避」（avoiding），在這種情況下，領導者和其他人直接避免做出任何決定，領導者的果決與合作程度很低。你是否曾經必須做出艱難的選擇，但決定暫時先不予以理會？這就是這個策略的重點。這個策略對於解決狀況非常無效，因為沒有任何人做出決定。如果在你選擇不做決定時，由別人代為做出決策，你就不會為這個決定負責或受到指責。但是極有可能，最終結果會對你自己非常不利。如果復仇者聯盟完全忽視聯合國設定的期限，就是整個團隊都選擇採取這個逃避策略。

　　第三種衝突管理策略是「配合」（accommodating），也就是領導者完全聽另一個人的話，去做那個人想做的事。這是領導者展現高度配合意願，但果決程度低。如果你不在意決策結果（例如你不在意去哪裡吃晚餐），這個選擇就很合理。但是，這麼做意味著你不會得到你真正想要的事情，長久之下，會引來憤恨不滿又有損關係。因此如果美國隊長採取鋼鐵人的意見，讓聯合國接管團隊經營，即使他本人極其反對，這就是「配合」策略。

　　第四種衝突管理策略是一種「妥協」（compromising）方式，各方討論後會達成一個解決方法。這可以說是果決程度與配合程度都適當的方式。在妥協時，雙方會放棄一部分他們想要的東西，以得到一個可以接受的解決方法（Whetten & Cameron, 2020）。如果兩個人都想要最後一片披薩，把披薩切一半就是這個策略的清楚寫照。妥協是非常有幫助的策略，不像其它策略，它沒有輸的一方或是贏的一方，雙方都能得到一部分想要的東西。

　　然而，妥協不一定合適，因為結果是沒有一方真正「獲得勝利」。雙方確實決定了一個解決方法，但某種程度上，這並非發生衝突的雙方真正想要的結果。相較於前幾種衝突管理方式，雖然妥協通常對維持關係較好，久而久之，有些人會覺得他們始終得不到想要的東西。我們有時必須妥協，但如果每次都要這樣，會覺得自己的聲音未被聽見，或是自己的需求未被滿足。妥協也往往是將事情「從中間對半分」。這樣非但無法討論問題的癥結點、找出最適合的解決方法，通常兩方只能各得到一半，或是輪流做決定。像是「我決定禮拜一吃什麼，禮拜二換你決定」。妥協能涵蓋雙方的決定，但不一定是最好的決策。以復仇者聯盟為例，或許妥協是讓聯合國掌控團隊的某一部分

（像是分派任務），團隊成員則能控制其它事物（像是誰能成為團隊成員）。聯合國其實也可能願意妥協、交出部分的團隊掌控權力，但電影裡沒有人去問他們（邀請他們參加討論應該會非常有幫助）。

第五種衝突管理策略稱為「協作」（collaborating），發生衝突的各方會正面討論彼此不同的觀點、需求與目標。協作可能是最好的策略，因為雙方必須相互合作，找出能真正滿足雙方需求的解決方法。因此，只有這個策略才能產生「雙贏」的結果（Whetten & Cameron, 2020）。即使在雙方的期望對立時，這個策略之所以行得通，是因為雙方能深入了解彼此的需求，共同找到新的解決方式。例如，兩個人可能同時都想要用車，於是發生了衝突，但他們實際比對了對方的行事曆後，發現只需要將其中一個人開車送去一個地點（於是他不用留下車子自己開，只要被接送就好），或是調整資源的分配方式，就能解決這個問題（能用車的那人，幫忙付另一方開往另一個目的地的優步車費）。協作能做出更好的決策，同時滿足雙方需求，或者至少能滿足「妥協」所滿足不了的需求。這個策略的一大障礙，主要是協作需要花時間，也需要發生衝突的每一方都願意與他人互動、公開分享自己的想法。有些時候，你可能會遇到不想這麼做，或是不信任對方的人。

以復仇者聯盟的情況來看，雖然在電影裡沒有看到他們選擇協作，但這是一個可能性。如果決定協作，美國隊長與鋼鐵人會更詳盡地解釋彼此的立場，以及他們這麼做的真正用意是什麼。兩人若能更清楚地說出來，或許就能找到一個解決方案，既能得到鋼鐵人想要的外部督導功能，又能維持美國隊長對於獨立與遵照個人道德感行事的需求。其中一個可行的方法，或許是讓聯合國分派任務並提供團隊宏觀的（符

合鋼鐵人觀點的）意見，但如果任務不符合個人的道德觀，每個團隊
成員也有權拒絕接下任務，復仇者聯盟的成員也能夠提議團隊採取某
些行動（因此就能消除美國隊長的一些疑慮）。電影未詳述每個團員
對這件事的觀點，因此無法確定他們可能會採取什麼樣的協作策略。

在《美國隊長 3：英雄內戰》裡，關於聯合國是否該掌權的爭論，
主要能看到的是「強迫」策略，因此發生了災難性的後果。無論是鋼
鐵人還是美國隊長，兩人似乎以為自己能強迫整個團隊，按照他們的
個人喜好做事，結果反而是這樣的觀點，導致整個團隊解散。

有些團隊成員會為某一方聲援，或許這能視為一種「妥協」的策
略。有些團員則是選擇聽命行事，也能視為一種「配合」策略。整體
而言，電影就只有呈現兩個選項，而不是採取更好的策略，尋找對復
仇者聯盟、對聯合國，甚至對這些超級英雄要保護的世界，更好的解
決方法。發生衝突的是鋼鐵人與美國隊長，但這個衝突升級成為了團
隊之間的衝突，其對團隊成效的負面影響，可以參考夏亞等人的研究
結論（2021）。對領導者而言，必須要確保任務型衝突真的對於團隊
決策的品質有益，而不是演變成團隊層級的衝突，或是如這裡所描述
的情況一樣，有損隊員彼此之間的關係。

重點摘要

　　面對衝突是每一位超級英雄的工作，在任何職場也需要面對衝突。世界上沒有一個地方是完全沒有衝突的。本章討論了衝突的本質、不同類型的衝突，衝突對團隊的衝擊，以及不同的衝突管理方式。這些知識能幫助你成爲更好的領導者，因爲你會學習如何處理衝突，並且知道哪一種衝突能幫助團隊進步。

　　我們之前提到在團體之中，衝突是在所難免的，且某程度而言是好事，因爲任務型的衝突，其實能幫助我們想出更好的計畫與決策。不同人帶來的不同觀點與想法，能幫助我們達成目標，無論這目標是爲了打敗薩諾斯，還是爲了創造一個有效率的員工合作計畫。

　　然而，團隊之間的關係遭到破壞時，衝突就不是好事，在《美國隊長 3：英雄內戰》裡，當美國隊長與鋼鐵人都不願聽對方的意見、一起找出共同的解決方法時，足以證明這一點。

　　領導者必須協助降低關係型的衝突，因爲這種與個人特質與價值觀有關的衝突，會傷害工作關係，阻止彼此合作、往共同目標前進。任何類型的衝突，太多也對團隊不好，若整個團隊同事發生衝突，很難達成彼此的目標。好的領導者需要確保任務型衝突有其用處，並且減少會破壞關係的衝突。

　　我們也討論了領導者能如何採取不同的衝突管理策略。最好的策略是「協作」，大家彼此主動理解對方的目標與觀點，以找

出能滿足各方需求的解決方式。一開始，雙方或許抱持相反的觀點，但是努力去理解對方之後，往往會發現有更好的解決方式。但是協作也需要花很多時間，所以有時候也會有更適合的策略，在剩下的選擇裡，「妥協」策略比較好。

　　身為領導者，你需要能適當地處理衝突。本章節能幫助你思考，該如何更好地處理衝突，為團隊的利益有效利用這些衝突。我們會爭論該怎麼拯救世界，但我們若能聆聽彼此的意見，就能找出拯救世界的最佳方法。

第 6 章

危機與壓力下的領導力：薩諾斯在彈指毀滅世界的高壓中如何領導？

　　漫威英雄必須為了世界的命運而戰、為此賭上性命。雖然最終英雄都獲得了勝利，但這些超級英雄的戰役帶給他們極大的壓力與許多負面後果。英雄往往要承受極大的壓力，鋼鐵人甚至出現創傷後壓力障礙的症狀（Scarlet & Busch, 2016）。

　　在我們的世界裡仍然會出現類似危機，並發生極端的狀況。2019年底開始的嚴重特殊傳染性肺炎（COVID-19）便是一種難以預料到的危機，領導者採取的行動對於疫情的應對有非常重大的影響。發生危機時，我們需要能隨機應變的領導者。我們的生活裡，也確實會發生許多大大小小、讓人壓力大的事件。

　　在這一章裡，我們要探討的是壓力對領導者的影響，以及該如何抵消它。我們會了解領導者該如何在危機中交涉，並提供讓談判成功的建議。在危機發生時，我們都想當那位能勇往直前，最後拯救下屬與全世界的領導者。

超級英雄與超級壓力

人類會感受到壓力，是因為他認為一個情況、或可能發生的事件，可能會威脅到自己重視的事情，因此產生這種生理或心理反應。這種威脅或壓力來源，一般被視為是無法預測或控制的，這也是為什麼它們被「視為」一種威脅（Cohen, 1980; Harms et al., 2017）。請注意這裡用到「視為」二字。是否被當作一種壓力來源，完全端看一個人如何看待這件事情。我認為具有威脅性，因此是一種壓力的事情，可能對你完全沒有關係。

「可能發生的事件」也是一個重點。壓力來源不一定是已經發生的事情，而是你擔心會發生的事情。因此，如果有人擔心自己會被裁員，這是一個還沒發生，但是讓人壓力非常大的事情。如果壓力持續很久而且強度很高，我們的生理與心理會被消耗殆盡，再也無法應對，導致負面的效果，例如工作表現不佳、滿意度下降、離職，甚至開始更加依賴酒精與藥物（Harms et al., 2017）。

壓力來源有 4 種類型：時間壓力、人際關係壓力、情況壓力與未知壓力（Whetten & Cameron, 2020）。每一種「壓力源」（stressors）都代表會讓人感受到壓力的不同情況。

「時間壓力源」（time stressors）是在有限時間內，人們感覺必須完成太多工作。時間是有限的資源，尤其是對領導者而言，時間不夠用會造成我們的壓力。我們會看到超級英雄經歷這種壓力，尤其是當他們必須在超級英雄生活與正常生活中找到平衡時。在我們自己的生活裡，你可能看過身邊的工作狂，分給家人或朋友的時間很少。

「人際關係壓力源」（encounter stressors）可在人際互動中發生。你是否曾在組織裡，與難相處的人一起共事？如果我們必須跟不信任，或經常發生衝突的人一起工作，可能會覺得有壓力。復仇者聯盟的電影中，當美國隊長與鋼鐵人之間的信任瓦解時，可以看到這個情況。他們爭論誰是領導者，也爭論別人該怎麼做。他們之間的互動變得更負面、壓力更大，最後完全無法合作。

「情況壓力源」（situational stressors）來自一個人的工作與居住環境。如果我們生活或工作的環境對身心有害（超級英雄經常面對這種情形），這會形成很大的壓力來源。研究也顯示，人生經歷重大或快速地改變時，即便這些改變被視為是正面的，我們還是會覺得壓力更大，因為需要費力進行調整（Scully et al., 2000）。漫威電影宇宙裡也能看到這種情況壓力源。光是以東尼‧史塔克為例，人生發生的重大事件包括被綁架、致命的意外傷勢、住家遭到毀損、孩子出生，還有為了對抗各式各樣的反派勢力，生命遭受威脅，可以想見史塔克必定感受到巨大的壓力。

「未知壓力源」（anticipatory stressors）來自還未發生但會讓人感受到威脅的事情。也就是可能會發生，但還未發生的事情，讓人感受到的壓力。這可能是影響力的甚大的事件，像是被裁員，或是要報仇的敵人找上門，也有可能是小事情，像是在課堂發言說錯話（Whetten & Cameron, 2020）。壓力程度要看此人在擔心什麼事情，以及他們覺得這件事會發生的可能性。在《復仇者聯盟:終局之戰》中，不同的復仇者都對於復原薩諾斯「彈指事件」，感受到不同程度的擔憂。史塔克擁有家庭與優渥的生活，因此他對於上場參戰感受到的未知壓力源更大。

像超級英雄般對抗壓力

　　我們要如何為自己以及所領導的人減少壓力呢？首先，需要提醒的是，壓力不一定是壞事，適度的壓力能讓人保持動力、採取行動。壓力能幫助我們專注在重要且需要我們注意、費心的事情上。但是，如先前所提到的，持續性的高度壓力具有嚴重的負面影響（Harms et al., 2017）。從雷神索爾在《復仇者聯盟：終局之戰》的行為可見，他放棄當英雄和其它責任，整日借酒消愁、自甘墮落。因此，我們不希望壓力延續這麼久、程度這麼大。

　　我們能為自己提供的壓力管理策略主要有 3 種，也能以領導者身分，用這些策略降低追隨者的壓力。主要分別方式是其形成的效果是短期或長期，以及需要花費的時間與力氣。綠巨人浩克布魯斯・班納就是很好的例子。

　　第一種壓力管理策略是「反應性策略」（reactive stategies），也可視為針對特定情況的短期解決方式（Whetten & Cameron, 2020）。當下的壓力是由短期解決方式處理。常見的短期策略之一，就是花更多時間或力氣去解決讓人壓力大的情況。因此，如果你明天有一個大報告要交，泡一壺咖啡、熬個通宵完成它就是一種反應性策略。你在採取行動解決當下的壓力源狀況。

　　然而，這種被動行為對未來的幫助不大。如果你整晚沒睡，隔天勢必會覺得很累，其它的工作進度反而會落後。太常熬夜趕工，健康也會每況愈下。被動策略往往是短期內最容易實行的，它需要的前置作業時間少、學習成本低，也只需要在相對少的時間裡採取行動。但

是這麼做並不能解決問題，只是在應付特定的情況。

在復仇者聯盟電影中，我們經常看到布魯斯・班納在採取被動策略。一般的情況是班納快要生氣，血壓開始接近變身成浩克的程度，在那當下，他會試圖阻止自己變身。班納若覺得自己快要變身，就會試著讓自己冷靜一些，他也有可能會去找一個即使變身也不會造成問題的地方。在這些情形下，他採取的是被動策略，也就是「變身成浩克時，我要怎麼管理當下的情況」、「我能阻止自己變身嗎？」、「變身成浩克後，要怎麼減少破壞？」可是變身成浩克的整體問題並沒有被解決，而只是以最好的辦法在處理當下的情況。

第二種壓力管理策略是「主動策略」（proactive strategies），也就是找出更能幫助我們處理壓力的策略。在這種策略之下，我們是在打造能幫助我們未來應付壓力的技能。舉例而言，如果我們擁有更好的時間管理能力，工作的調配會更好，也會更有效率，因此能減少時間壓力源。學習瑜伽或許能幫助某些人學習冷靜，減少壓力對他們造成的負擔。我們也能善用科技工具，像是手機的 App 應用程式幫助我們管理行事曆，或是提醒我們該去練習瑜伽。透過學習相關技能，或是找到相應的科技工具，主動策略能培養你處理壓力的能力。因為必須學習新技能或其應用，主動策略無法解決緊急事件或短期的壓力源（如果明天就要交報告，今晚開始做報告之前，就別去學習瑜伽了！）

主動策略能幫助你更有效地處理令人壓力大的情況，對這些情況的反應也會更好，但這種策略無法完全消除壓力源。如果你真的有太多工作、時間不夠，即使你能有效管理時間，主動策略還是無法解決

情況。最後一種壓力管理策略：「促使啟發策略」，則是著重在如何消除壓力源。

再次觀察班納時，我們可以看到他採取主動策略以應付最重大的壓力源：變成浩克。在電影《無敵浩克》（The Incredible Hulk）中，我們看到班納戴著一隻類似智慧型手環的手錶，為了監控血壓，警告他血壓可能過高（因此可能要變身成浩克了）。這個裝置幫助他注意血壓，提早警告他要採取行動、冷靜下來。我們也在電影裡看到，班納不斷描述他要如何在生活裡努力保持冷靜。因此班納持續在開發不同能減少壓力的技能，讓他不要踏入「危險區」進而變身成浩克。

最後一種壓力管理策略稱為「促使啟發策略」（enactive strategies），是因為它們的重點是如何消除壓力來源（Whetten & Cameron, 2020）。透過這些策略，你能改變所處的環境，消除壓力源。所以如果長時間通勤是一大壓力來源，一個促使啟發的策略就是搬得離辦公室近一點。或是找一個工作地點離家近一些的工作。由此可見，雖然這些促使啟發策略能消除壓力來源，但通常也必須花費龐大的時間與力氣達成。有時也需要為此做出艱難的選擇，像是「長時間通勤讓我身心受到煎熬，但我應該為此離職嗎？」每個人會依照自己的喜好，或對壓力源的看法，而做出不同的決定。促使啟發策略能提供的優勢，是完全消除壓力源的可能性。

另外兩種策略，一個是能短期應付壓力源，另一個能幫助我們增加整體抗壓性。但在這種情況下，或許毫無用處。因此，這種長期的解決方案勢必得費時費力才能達成。或許要改變的是你對這個情況的觀點，找到對你真正重要的事情。或許你的人生中，曾有一段時間願

意竭盡全力成為某個專業領域中的佼佼者，但這個目標比家人還重要嗎？跟你的健康比呢？促使啟發策略可能也要考慮這些觀點。

讓我們再次以班納為例：他顯然採取了一種促使啟發的策略，因為他將兩種身分融合，而不再只是班納或是浩克。值得注意的是班納為此改變了自己的觀念，而不再只是將浩克這個身分視為一種壓力與問題的來源。把浩克視為自己的一部分後，他也接受了自己這個部分。在《復仇者聯盟：終局之戰》裡，我們只有看到智慧過人的浩克，但兩種個性的磨合，其實在電影裡花了 5 年才做到。班納必定是花了很多時間與力氣，才讓兩種個性融合。我們自己的促使啟發策略不大可能和班納相同，但也會需要我們耗神費力。

在壓力與危機中的領導

領導者會受到壓力的影響，也會影響其追隨者的壓力。哈爾姆斯（Harms）等人在 2007 年發現，對於追隨者的壓力程度，領導者有重大的影響力。因為感受到壓力，領導者對追隨者做出虐待與負面行為，進而增加了追隨者的壓力程度。壓力也似乎會破壞領導者與追隨者之間的關係。

危機的本質就會造成強大的壓力。危機無預警地改變了日常，一切發展也變得難以預料。新冠肺炎蔓延時，我們就看到了這個景象，但恐怖攻擊或天然災害這種事件發生時也是一樣。這種危機本質上帶有威脅性，人們的人身安危與經濟也都會有風險。以壓力源來說，會有當下情況造成的壓力源（像是失去需要的資源），以及未知壓力源（例如在未來感染嚴重的新冠肺炎）。

　　因此，我們會認為領導者在危急時刻能幫助減少壓力，也可能讓壓力加劇。布蘭德波（Brandebo）在 2020 年觀察了在危機中的破壞性領導者行為，他發現領導者有可能控制欲太強、忽略他人的意見、太在意自己是否安好，而不是關心下屬的需求。這種領導者沒有在適當地處理情況帶來的壓力，這種壓力反而影響了他們的行為與工作表現，他們的下屬則會因為領導者的行為而壓力更大。

　　我們能在漫威宇宙的電影裡看到類似的議題。在薩諾斯「彈指事件」發生後，以及第一次企圖復原但失敗時，我們看到復仇者聯盟的幾位領導者放棄自己的職責。鋼鐵人基本上直接辭職，跑去過正常生活了。雷神索爾不再當團隊或人民的領導者。美國隊長轉職去幫助人們調適與處理喪親的悲痛，雖然這算是正面的行為，但也讓他放棄當超級英雄的工作。因此，我們看到這三人以不同方式轉為照顧自己，而不再關心復仇者聯盟這個團隊。黑寡婦後來必須採取行動，在這 5 年的空檔中成為領導者，在這闖危機中協助管理超級英雄與其他人。最後團隊是靠著新成員，史考特・朗恩（Scott Lang，二代蟻人），以及他的點子：搶回無限手套、讓英雄們復活，最後拯救了世界。

　　連我們的超級英雄都在危機中失敗了，我們又要如何成為領導者，幫助組織度過危機呢？一個重要的考量是在過程中你所處的環境。度過危機的最佳方式，就是危機發生前的未雨綢繆，包括提前規劃。如果真的發生特定的危機時，我們該怎麼做？雖然我們不知道未來危機中，真正會發生的細節，我們能為自己的產業中，為可能發生的危機先做準備（像是把產品召回，或是先停電）。對領導者與企業而言，建立堅固的聲譽也非常重要（Hargis & Watt, 2010）。危機發生的當下，好的聲譽意味著別人會願意相信你，也比較願意聽從建議，如

果下屬已經不信任領導者，危機只會把關係變得更糟。

危機真的發生時，領導者必須非常刻意地讓自己的行為，能減少他人的壓力。清楚的溝通很重要，如此一來下屬才能理解發生的事情，以及他們該做什麼。這包括在任何時候維持公開且透明的溝通管道（Lacerda, 2019）。研究發現，在新冠疫情之下，員工更需要仰賴其導師作為榜樣，而女性更會選擇這麼做（van Esch et al., 2021）。領導者必須在危機中展現適當的行為與反應能力，這兩種能力能讓危機變得更容易預料以及理解。

在危機中，領導者也需要支持他們的下屬。像是幫助他們冷靜、專注在自己能完成或做到的事情上（Lacerda, 2019）。或是，領導者也可以試圖降低危機帶來的威脅感。雖然一個領導者無法阻止危機或其負面影響發生，領導者仍可以讓一個人感受到自己的工作在未來有保障，他們也能獲得需要的支持。因此，領導者是幫助減少壓力的超級英雄，而不是製造壓力的反派人物。

重點摘要

我們不能只是在太平盛世之下當一個好的領導者。所有領導者都需要處理自己感受到的壓力，以及下屬感受到的壓力。而在危機之下，這樣的壓力可能巨大到讓人覺得需要有超能力才能克服它。我們或許沒有超能力讓自己絲毫感受不到壓力（如果有的話真不錯！），但透過認識壓力以及如何有效地管理它，我們能幫助自己以及同事們做出更適當的處理。

在面對環境中無法預測、無法控制的事情（壓力源）時，壓力就是我們對這種威脅的反應。有一些壓力是好的，但是長期的高壓對身心都會造成負面影響。身為領導者，我們要避免這樣的高度壓力，並保護下屬不受它的影響。

減少壓力的方法有很多種。最好的策略是「促使啟發策略」，因為它的目的是改變環境，徹底移除壓力源。這麼做需要費時費力，像是班納與浩克的融合，但是結果對於減少壓力有顯著效果。主動策略也有其幫助，因為能讓我們學習幫助自己處理壓力的技能。反應性策略則是最後的選擇，但是對於無法預料的壓力源，或許除了熬夜完成它也別無他法。好的領導者會著重在使用，促使啟發策略與主動策略。

當我們成為高壓環境或危機之中的領導者，我們要盡力減少下屬的壓力。也就是幫助他們減少事件的難以預測性與威脅感。領導者此時要以身作則，讓別人效仿。我們要像美國隊長那樣（之

後也會繼續討論）成爲大家的好榜樣。

　　我們都必須處理壓力，而超級英雄領導者就是那位爲了自己以及周圍的人努力對抗、減少壓力的人。

第 7 章

「做自己」的鋼鐵人：漫威電影中領導者的真誠、自我意識與成長

　　在第一部《鋼鐵人》電影裡，我們會以為東尼‧史塔克過著很棒的生活。他有錢、贏過無數獎章，又非常受富有魅力的女性歡迎。他看起來想做什麼就能做什麼。然而，即使剛開始認識他，我們也看得出來史塔克似乎對任何事都興味索然，做什麼都是敷衍了事。不禁讓人懷疑，這是他真正想要的生活嗎？

　　史塔克被綁架後，這個問題變得更明顯。他看到自己公司生產的武器（也是讓他致富的原因）正被用來殺害自己的同胞。被綁架時，他發現自己的生活空洞乏味，缺乏真誠的人際關係。他的心臟也在此時受傷，這樣的傷會造成一輩子的影響，甚至會致命。他離開囚禁的日子後，覺得生活要有改變，因為現在的生活樣貌無法代表他的真心，也不是他想成為的人。這樣的意念使他成為鋼鐵人，阻止自己的公司發戰爭財，最終還為了世界犧牲自己的生命。

　　本章我們之所以討論東尼‧史塔克，是因為他對自己究竟是誰、想成為什麼樣的人產生了自我意識，也因為這份意識而變得真誠，最後會在「真誠領導理論」中討論領導者真誠待人的好處。我們也會討論要如何發展自我意識，成為真誠待人且追隨者需要的領導者。

意識到自己是怎樣的英雄

　　自我意識可說是人對自己的個性、特質,以及自己重視什麼事情的了解。我們不只是需要知道自己的強項,也要了解自己的弱點與偏好。人若對自己沒有清楚的認識,是無法進步的(Whetten & Cameron, 2020)。人往往對自己有一些盲點,導致他們做出錯誤的選擇,不願改進自己的不足之處。

　　在《鋼鐵人》電影一開始,我們看到史塔克似乎是一位沒什麼自我意識的人。他是個生活富足的花花公子,但似乎不怎麼享受這樣的日子。在他逃離囚禁生活後,這一點變得更明顯。

　　他有時還是繼續過著以前的生活,但會花越來越多時間投入他的鋼鐵人計畫。他特別注意到公司銷售武器的行為,並認為這麼做是錯的,因此開始改變公司方針,讓自己能為公司感到自豪。

　　自我意識之所以不容易做到,是因為我們通常會避免遭受批判,尤其是當受到批判的是我們認為自己很重要的一部分。一個人有所謂的「敏感線」(sensitive line),若觸碰到這個界線就會變得很有戒心,因為此人接受到的資訊正在威脅他的自我概念(Whetten & Cameron, 2020)。所以,當你自認為數學很好,卻有資訊在暗示你的數學能力很差,你會對這個資訊感到抗拒,並且對它展現負面的反應。但是相對而言,如果打羽毛球對你的自我概念不重要,然後有資訊顯示你欠缺這項運動能力,這不太可能會造成你的困擾。所以這樣的反抗情緒,只會發生在對你重要的事物上。

在人類感受到威脅，或是遇到這樣令人不舒服的資訊時，通常會出現「危機僵化反應」（threat-rigidity response）（De Dreu & Nijstad, 2008）。這樣的反應會導致這些人更堅信自己的行為與想法，這是他們為了保護自己、避免風險的方式。他們會抓著熟悉，又讓他們覺得舒服的思考方式與行為不放。如此一來，威脅性的資訊就會被忽視或屏棄。

史塔克在需要別人時，就會出現這樣的反應。當他需要改變自己的公司、想辦法治療心臟病時，史塔克還是不願意請別人幫忙。他的自我概念中，自認為自己什麼都做得到，真要承認自己需要別人的話，等於是踩到自己的敏感線，也威脅到他的自我概念了。如果自己無法獨立完成，這件事就絕不能完成。由此可見，即使有人能幫助他，他還是經常獨自承受困擾。當他在《鋼鐵人 3》裡進行心臟手術時，他終於接受了自己也是需要別人幫助的。雖然他還是難以接受他的自我概念受到挑戰，但這對他未來的領導能力影響非常大。

所以，如果擁有自我意識是一件不容易但很重要的事情，你要如何發展並培養自我意識呢？一個重要方式是意識到，當你對某件事產生防禦心，可能是這件事觸碰到你的敏感線所引發的反應。如果你對別人的意見有負面的反應，應該思考「為什麼」你的反應如此激烈？這些行為如何反應你的自我概念？對方所言是否有些道理？若你能夠自省，發生這類事情便能從中得到一些洞察，而不是出現防衛性的反應後不了了之。

再者，我們能透過向別人自我揭露、強化彼此關係而培養自我意識（Whetten & Cameron, 2020）。當我們與別人建立關係，能夠

分享自己的疑慮和擔憂，更有可能獲得真誠的反饋。這樣的反饋能幫助我們看到自己的盲點，做出需要的改變。我們無法向所有人開誠布公，但在彼此信任的關係中，我們有管道誠實表達自己的憂慮，並得到需要的誠實反饋。史塔克需要「小辣椒」·波茲（Pepper Potts）和美國隊長這些願意跟他說實話的人，這樣他才能持續成長、進步。

「做自己」的英雄

擁有自我意識，我們才能對自己更真誠。「真誠性」（authenticity）是當一個人的行為符合自己的核心價值、信仰、個性與動力，使得此人的心理狀態與外在的自我表現相符（Harter, 2002）。擁有真誠性，對每個人都有非常多的好處，包括對生活的滿意度提高、能與他人產生相互連結感，對於個人意義也有更深的體悟（Lehman et al., 2019）。

雖然保有真誠性有這些好處，但是我們往往接收到的建議是要合群、要學習印象管理（impression management），對外展現我們認為別人想要我們呈現的樣貌。吉諾（Gino）等人在 2020 年把這樣的行為稱作「迎合」（catering），也就是我們會故意表現出認為別人想要自己呈現的行為，包括我們認為符合別人期待的語言與非語言的行為。

當我們以為這種迎合行為能幫助自己，吉諾等人的研究（2020）卻發現，企業家在向潛在投資者簡報時，效果反而相反。那些迎合投資者的人，跟真誠表達意見的人相比，得到的反饋反而比較差。他們認為迎合者表現比較緊張也比較自私，反而有損他們的表現。相較於

正常發揮，迎合往往需要耗費更多力氣與精神。

　　表現得有違自己的真實感受，對一個人也會產生負面的影響。「情緒勞動」（emotional labor）的概念是在一個情況下，我們表現出有違自己感受的情緒，做出我們認為別人想要，或自認為符合當下情況的行為。在職場上，我們常常被要求這麼做，尤其是在與顧客服務的互動中。這樣展現不真實的情感，可能對一個人產生負面的影響，包括感受更大的壓力、工作滿意度下降，以及整體幸福感降低（Lehman et al., 2019）。

　　因此，表現真誠能讓我們感覺更好、把工作做得更好，即使我們以為偽裝我們的想法或行為，能幫助我們表現更好，但現有的研究結論卻不支持這樣的想法。雖然我們仍不建議在工作時想說什麼就說、想做什麼就做，但是真誠表達自我的行為，還是對工作表現與自己的身心健全比較好。

　　在漫威電影宇宙中，東尼‧史塔克無法輕易真誠地表現自我。即使他看上去是一位傲慢又我行我素的人，對於自己真正想要做什麼事、該如何表達自己，心裡仍相當困擾。第一部《鋼鐵人》電影裡，他大膽地宣布自己就是鋼鐵人（無視於超級英雄一般都要隱藏真實身分這件事），就是在真誠地表現自己的身分，而不是將身分藏在一身的盔甲裡。他想要大家知道，他就是東尼‧史塔克，他也是拯救世界的鋼鐵人。史塔克不是謙虛的人，他想要當英雄。

　　之後幾部電影裡，史塔克也難以接受這一點。他常常落下狠話，不想要再當鋼鐵人、要放棄這身裝備。他也試圖用不同方式行善，這樣他就不用在大家面前以鋼鐵人的身分對抗壞人。雖然這樣的行為值

得獎勵，對其他人也或許是很真誠的表現，但這無法代表史塔克的身分。史塔克想要當那位在外面打擊犯罪的人物，他對別人也有很強烈的責任感，想要在最前線拯救世界。這是為什麼史塔克往往還是回來當鋼鐵人，即使這麼做很危險甚至致命的原因。即使他非常喜歡與愛人小辣椒過著平靜的生活，但他認為自己有責任獻上一切。史塔克最真誠、最好的自我，就是成為保衛世界的英雄。

　　為了要成為好的領導者，我們要思考自己的真誠自我是什麼。我們要如何有最好的影響力？什麼是對自己有意義的事？當我們否認真實的自我，我們就無法成為最好的領導者。「真誠領導」的概念講述的是真誠性能如何幫助我們，特別是身為領導者的時候。

真誠領導者的特質

　　「真誠領導」建議，當領導者表現得真誠，對其追隨者與領導表現有正面的影響。真誠的領導者能促進自己與他人的自我意識，與追隨者之間的關係公開透明，擁有道德觀念，最終能創造出一個鼓勵自我發展的環境（Walumbwa et al., 2008）。真誠的領導者是能夠向追隨者展現「真實自我」的領導者，不是在職場上隱藏「真實自我」，而是公開展現它。這樣誠實展現的真誠性，意味著領導者應該要有符合道德規範的行為，雖然情況是否一直是如此，研究文獻仍有爭議（Lehman et al., 2019）。或許差異在於一個人的「真實自我」是什麼，以及這個人的價值觀，因為這會影響別人認為他的行為是否有違道德規範。

　　在許多方面，真誠的領導者能幫助其追隨者成為真誠的人。真

誠領導能提供一個空間，讓追隨者變得更有自我意識，被鼓勵誠實表現，最終努力培養自己的才能。因此，領導者的真誠能幫助被領導者也變得更真誠，創造出一個正面又富有成效的工作環境。現有的研究也顯示，員工態度與工作表現也會在這樣的環境中有許多正面的影響（Lehman et al., 2019）。

布拉德雷 - 柯爾（Bradley-Cole）在 2021 年的研究總結出兩種領導者特質：做自己，以及關心他人。

在這裡，所謂「做自己」是領導者依照內心的道德準則，表現出一致的行為。追隨者不一定要認同領導者做的每一件事，但他們需要感受到領導者有自己的道德原則，而不是只是視情況做出對自己有利的事情。如先前所討論的，一個真誠的人是依據真實的自我行事，而不是根據別人可能的偏好改變自己的行為或想法。因此，追隨者能期望看到一貫的領導者行為。

第二種特質就是關心別人。真誠的領導者會在意自己與追隨者之間的關係，行為是真誠的，也會關心別人的利益。追隨者相信，真誠的領導者會努力幫助他們，並且照顧到他們的需求。這個領導者也會誠心地為了團體的目標工作，並幫助別人達成他們各自的目標。真誠的領導者會支持追隨者的利益，並賦予他們自主權。他們甚至會出於對追隨者的關心，而將他們的權益放在自己的需求之前。

在漫威電影宇宙裡，我們可以看到史塔克擁有許多真誠領導的特質。即使史塔克在發展自我意識上有困擾，有時也難以誠實以對，他與別人的互動方式通常很真誠。史塔克也很少有所保留，總是會表達自己真實的意見與感受。其他復仇者也會經常看到史塔克，在當下表

現出他的挫折與情緒。他在表達自己的真實感受，也很願意針對不同議題表達意見，其他人（像是美國隊長）或許不同意，但他們能接受這是他自己的觀點，認為事情就該這麼做。史塔克認為自己是最聰明的傢伙，很臭屁，但他也不會掩飾自己個性上重要的一部分。無論其他復仇者同不同意，他們總是知道史塔克的立場以及看法。

史塔克非常關心其他復仇者聯盟的成員，雖然表現方式往往是以諷刺居多，但在幫助隊員時他總是很誠懇，也願意為了他們、為了拯救世界，一而再、再而三地赴湯蹈火。他終究是一位可靠的人，即使風險巨大，還是可以指望他。在《復仇者聯盟：終局之戰》裡，在所有復仇者當中，史塔克回去當超級英雄的風險最大，因為他已經有需要他的妻女。雖然不想要離開她們，他最後還是誠實面對自己，成為在前線拯救世界的英雄：鋼鐵人。最後，他犧牲自己，更是顯露出真誠領導者的關心程度。

雖然你不需要像史塔克一樣，要面對漫威電影宇宙裡的各種終極挑戰，但是你也能在自己的生活裡，實現真誠領導力。要成為真誠領導者，你需要先加深你的自我意識，認識真實的自我。做到這些以後，要成為真誠領導者還需要做到幾項重要的事情：

首先，你的領導方式必須與你的真實自我相互應。你會向他人展現真實的自己，讓他們看到你的行為是自發性的。如此一來，追隨者對你有進一步的認識，也更能信任你的行為與意圖。

第二，關心你與追隨者之間的關係，也關心他們是否安好。當他們感受到你的關心，對你的信任會加深，更會想要精進自己的工作表現。

第三，培養追隨者的真誠性。幫助你的追隨者加深他們的自我意識、發掘真實的自我。接受別人的真誠，不要期望別人隱藏他們的情緒或他們真實的樣貌。如果你叫他們要真誠，卻為此懲罰他們，他們會學會隱藏真正的自己。

最後，支持追隨者的自我發展（self-development），隨著時間經過，每個人都想要成長與培養自己的技能，真誠領導者能協助培養這樣的成長，提供他們自己做決定、培養才能的機會。

重點摘要

　　要成為最好的領導者，自我意識與真誠性至關重要。加深這方面的理解，並且實現在自己身上，能幫助我們成為自己理想中最好的領導者。觀察東尼·史塔克的歷程，能幫助我們了解通往真誠之路，有多麼困難但又是如此重要。過程或許艱辛，但能夠實現真誠領導，以及真誠領導所帶來的益處。

　　本章一開始在討論史塔克當上「鋼鐵人」時，似乎什麼都有，卻又感到不滿足的情況。自我意識能幫助我們分辨自己真正重視的事情，以及真實的自我。為了自我成長與進步，我們必須理解自己是誰，才能看到需要及想要進步的地方。擁有自我意識是成長的關鍵第一步。然而，擁有自我意識非常困難！我們的本能是避免受到批評，尤其如果這威脅到我們認為重要的事情時。這樣的反省與批評，最終對於自我意識的產生非常重要。

　　自己意識到真正的自己，讓我們有機會活得真誠，活出真實的自我。人生中，我們有時會感受到壓力，或被誘惑去做有違自己真實信念與情感的事情。透過「迎合」或「情緒勞動」，這麼做或許感覺是「對的」或「最輕鬆的」事情，但是無法做自己，其實對個人的身心健康有礙，甚至造成工作表現變差。

　　做真實的自己能帶來正面的結果。史塔克不斷掙扎著要放棄當鋼鐵人，這件事也一直折磨著他。他之所以會掙扎，是因為他沒有誠實面對自己，因為當鋼鐵人這樣的英雄人物、在前線幫助

拯救別人，其實是他真實自我的重要部分。我們必須對自己真誠，而不只是成為別人心目中的樣子。

當我們擁有自我意識與真誠性，我們就擁有採取真誠領導策略的基礎。真誠領導要求領導者要對自己誠實，幫助別人做真實的自己，也要關心其追隨者。追隨者則相信他們的領導者，既誠實又關心他們的福祉。真誠領導能創造出正向的工作環境，以及更高的工作成效（Lehman et al., 2019）。

本章幫助我們思考，要成為成功的領導者，真誠性扮演了多麼重要的角色。我們都能成為團隊中的真誠領導者，無論這個團體是大是小，還是全都是超級英雄。第一步就是擁有自我意識，並且踏上尋找真誠自我的旅程。

第 8 章

是否該開放瓦干達？
對外關係中的領導角色

　　對黑豹而言，瓦干達該如何與外國相處是一個關鍵問題。

　　以往，瓦干達將自己包裝得非常神秘，其它國家對他們的資源與能力知道得不多。電影一開始介紹「黑豹」這個角色時，這是大家最主要的印象。但事實證明，瓦干達以及黑豹其實擁有強大的力量與資源。他們可以是國際領導角色，但他們選擇不這麼做。對任何組織與領導者而言，與外在勢力互動是一個重要的決定。

　　領導力的核心挑戰之一，是如何與其它團隊與組織相處。本書中討論到的諸多領導策略，重點大部分都放在領導者該如何帶領自己的團隊與組織。但我們不能忘記，對於組織的價值與核心宗旨，領導者應該扮演重要的模範角色。在與團隊和組織之外的世界互動時，領導者扮演一個重要的決策角色。

　　本章裡，我們會討論領導者與外在個體、團隊和組織互動的各種方式。我們會觀察，負責帶領自己團隊以外，領導者還有哪些功能以及他們如何管理與處理外部環境。我們也會著重討論領導者，該如何在一個多團隊系統中有效率地做事。無論你是否來自瓦干達，身為領

導者，你需要與其它團體互動、交涉，以提升你的組織的地位。

瓦干達要永遠孤立嗎？

在決定如何與外部環境相處時，領導者會做出不同的選擇。組織在這種外部環境中扮演的角色，往往會影響領導者會作出的各種決定。曼佛德（Mumford）等人在 2000 年提出關於領導能力的模型，包含 5 種要件：1. 個人特質、2. 職能、3. 環境影響、4. 職涯經歷，以及 5. 領導成果。這個模型假設職涯經歷與個人特質（包括個性與認知能力），再加上職能（例如問題解決能力與社交能力），能導致領導成果，像是解決問題與團隊效能。

領導者的能力發展、職涯發展，以及個人發展都會受到外部環境的影響，但是對領導者的外在影響，可能在組織本身的內部或外部。內部影響包含追隨者的能力與現有的科技；外部影響可能包括政治、社會與經濟相關議題，這些因素都會影響領導者的長期領導力發展。雖然曼佛德等人（2000）的模型未提到特定的外在因素，該模型承認這些因素的存在，以及對領導者行為與發展的影響。

領導者所受到的外部影響包括各式機會與挑戰。他們的居住環境、教育機會與職業經歷，會影響他們培養管理組織所需的職能與經驗，因為領導者在外部環境中持續工作與交涉。

瓦干達與外在世界的關係一直是緊張的。我們認識瓦干達的第一件事就是他們的孤立主義政策。在《美國隊長 3：英雄內戰》電影裡首次介紹這個國家時，沒有人相信這個國家有潛能，因為大家都認為

它是落後又沒有科技才能的國家。

　　瓦干達的孤立主義是對外在世界的一種反應。瓦干達的領導者當時看到周遭世界的樣貌，因此做出這種策略性的選擇。瓦干達領導階層放棄對外尋求幫助，也不願參與世界事務，而是決定不與他人來往。甚至連瓦干達的化外之地（賈巴利部落），也不想與瓦干達其它族群有所往來，因此出現孤立中的孤立者。過去領導者的選擇成為《黑豹》最核心的衝突。瓦干達領導者與外界互動的經驗，使得他們對外人保持警戒。由於瓦干達坐擁龐大的礦物資源，他們選擇利用龐大的汎合金資源，專心發展自己內部的科技。

　　依照曼佛德等人（2000）的領導力模型，我們可以看出瓦干達領導者為什麼一再選擇這麼做。每一位領導者都是在瓦干達出生長大，他們在瓦干達裡受教育，也培養了瓦干達所需的領導職能。他們的環境以瓦干達為主，鮮少與外界接觸，或是像祖布王子（Prince N'Jobu）與娜奇雅，與外界接觸只是為了當間諜，即使在外在世界，他們還是有隱藏的意圖。顯然，瓦干達領導者仍是透過孤立主義的視角在看待外界。因此，瓦干達的領導者在培育過程中，仍然在加強這樣的觀點：要避免與外界接觸，而不是去幫助世界。

　　然而到了帝查拉接棒時，我們開始看到領導思想過程發生改變。帝查拉的父親過世以後，他與美國隊長、鋼鐵人和齊莫男爵（Baron Zemo）之間發生複雜的互動經驗。帝查拉與復仇者聯盟並肩作戰，理解到志同道合的價值，甚至選擇幫助他認為可能是殺父仇人的「酷寒戰士」（Winter Soldier）巴奇‧巴恩斯（Bucky Barnes）。與過去的瓦干達領導者不同，帝查拉與世界的互動，是透過全心全意地與

復仇者聯盟共患難。他的職涯經歷與其他瓦干達領導者大相徑庭，在後面幾部電影裡，這些經驗影響了他的行為。在對抗齊莫男爵時，帝查拉在瓦干達的經歷使他做出的行動與美國隊長和鋼鐵人有所區別。帝查拉知道，無所不用其極地尋仇，並非解決他與齊莫男爵之間衝突的健康方式；他也和美國隊長不同，因為帝查拉能為了追求正義放下自己的憤恨。

我們能將帝查拉學到的課題，與他的堂弟「殺人機器」艾瑞克・齊爾蒙格做對比。齊爾蒙格的成長經驗讓他體驗到美國的種族歧視，從軍參戰也加強了他對外在世界的不信任感。齊爾蒙格見識到瓦干達的能耐時，他只看見可以征服全世界的力量。與過去瓦干達領導者只想將實力保留在境內相比，齊爾蒙格看到的是一個足以稱霸世界、復仇的強大力量。齊爾蒙格在外界的經驗，讓他的世界觀變質了，但身為領導者，他還是能利用他不俗的領導力，號召想法類似的同伴。與烏卡比互動時，齊爾蒙格成功說服這位瓦干達部落領袖，只有他能透過征服世界為瓦干達帶來正義。因此，齊爾蒙格開始對外使用他習得的領導力，但並非為了與世界協作，而是為了統治世界。他將自己在戰爭與祕密作戰中所學到的技能，帶到一個能夠提供他資源，達成反派目的地方：瓦干達。

瓦干達猶豫是否該與外界互動的主要原因之一，便是他們龐大的汎合金資源。汎合金（vibranium），這個獨特元素支撐著瓦干達的科技，也提供歷屆黑豹領袖所需的環境變因，幫助他們增強力量、加強五感。羅斯（Roth）在 1995 年假定一些領導者看待這個世界，是透過一種以資源為基礎的觀點，而這樣的觀點會影響他們的領導風格以及對企業的影響。這個資源基礎的模型，認為組織集結了獨特的資

源庫存，而領導者做出的決定會影響這些組織內部存在的資源庫存量。

　　基本上，公司總裁能將自己的組織視為有限的資源，必須將其管理、分享與補充。在思考瓦干達領導者的決策方式時，這個理論非常值得參考。瓦干達生活的各方面都必須在控制之中，這個國家才能保護最主要的資源：汎合金。這個國家之所以假裝落後，就是為了保護人民以及他們強大競爭力的來源，即便是毫無私心的行為，像是娜奇雅的間諜任務也是為了隱藏瓦干達真正實力。與娜奇雅和帝查拉一起解救一群難民時，奧科耶曾警告這些難民，不許告訴任何人他們的所見所聞。為了維持國家的策略性競爭優勢，保守秘密更是至關重要。

　　為團隊或領導者保守秘密或許很重要，但是也可能導致嚴重的問題。由於外界對瓦干達缺乏認識，帝查拉在面對美國政府中間人的埃爾佛特‧羅斯（Everett Ross）時，就遇到許多問題。由於羅斯對瓦干達缺乏清楚的資訊，帝查拉與他難以達成共識，兩人之間的信任非常少，直到羅斯親眼看見瓦干達，帝查拉才有辦法讓他理解自己的思考方式僅是為了該國的最佳利益。

　　身為領導者，為了保護組織，在某種程度維持機密或許是重要的，但是要維護太多秘密，可能會造成潛在盟友的不信任。領導者必須查明環境，辨認出潛在夥伴，同時避開潛在的威脅。維持這微妙的平衡，便是帝查拉成為瓦干達國王時期望達成的狀態。雖然你領導的組織或許沒有瓦干達那樣的資源，理解應該分享哪些資訊，以及如何向團隊與組織領導者展現自己最佳的一面，仍然非常重要。

打造關係如建立一個國家──希爾領導模型

在第三章裡，我們利用希爾的領導模型（Zaccaro et al., 2001）討論過團隊領導的重要性。領導者不只是要在內部管理團隊，也必須理解自己的行為，從外界看來也是一種象徵。與外界交涉或處理外在因素時，這點尤其重要。領導者在管理團隊時，除了必須利用的內部團隊行為以外，希爾領導模型也設想了各種環境行為，像是社交、倡議、談判與資訊分享。這些行為對組織內部的團隊，以及處理跨組織事務的團隊尤其重要。

希爾領導模型應用了麥格瑞斯（McGrath）的關鍵領導功能（critical leadership functions），又稱功能性領導（functional leadership）。功能性領導理論認為，領導行為是依據監控策略，或執行行為策略（McGrath as cited in Northouse, 2022）而專注在團隊內部（內部行為），或者團隊外部（外部行為）。監控（monitoring）是指觀察或偵測到一個問題。執行行為（executive action）是試圖解決領導者決定要解決的問題。

卡特（Carter）等學者在 2020 年將這個模型延伸到跨團隊的情況。這些研究人員提出，領導者會考慮採取跨系統或跨團隊成果的行動。系統，代表一群團隊（有時候也可能是一群組織）；團隊成果，則是指特定團隊（無論是一個組織或一群組織內部的功能團隊）的產出。這樣的團隊建立（team building）方式看似複雜，但在漫威電影宇宙裡卻經常看到這個策略。舉例來說，在對抗控訴者羅南時，星際異攻隊採取多團隊系統，包括星際盜賊軍團「破壞者」（Ravager Army）、新星軍團（Nova Corps），加上星際異攻隊一起進攻。這

是一個複雜的系統，因為團隊的領導者可以選擇在眾多分隊中專心領導其中一隊，或是對所有團隊（系統）發號施令。

身為領導者，將自己與自己的團隊視為一個跨團隊系統，在自己的組織內與其它團隊互動，或許是有益的。例如，如果你在組織裡的資訊科技部門，你會為其它團隊如銷售部提供支援。銷售部會與組織之外的人互動，因此銷售部與資訊科技部門形成一套系統，讓客戶與廠商可以有系統地共事。

能將自己視為系統的一部分，且做出的決定能有效地影響這些系統的領導者，是未來非常關鍵的領導人才。身為領導者，你不只是要管理你的團隊，你也需要管理客戶與其他重要利害關係人。有效的領導者是系統性思考者，他們也從來不只考慮自己的團隊，而是會同時監控外部環境。

征服者與被征服者

與外在團隊或客戶團體交涉的領導者，在接觸這些組織以外的人時，只有幾個策略可以選擇。希爾領導模型（Zaccaro et al., 2001）或許能為面向外部的團隊領導者，提供一些行為建議。

第一是「社交」以及「結盟」。強大的領導者會建立能夠對組織與他人有益的人際關係。這些結盟是領導者之間建立了關係，他們同意自己的團隊與組織在互動時，會互相支持。帝查拉斯私下更是理解建立關係的價值。當他在瀑布前與恩巴庫對戰時，他大可視恩巴庫為被征服者，並將他殺掉。然而，他要求恩巴庫順服於他，因為人民需

要他。這個動作建立了兩位領導者之間的默契，當他們要從齊爾蒙格手中奪回瓦干達時，便派上用場了：這次換恩巴庫救了帝查拉。

恩巴庫與帝查拉之間的關係，讓帝查拉能夠採取另一個重要的對外領導者行為：向上談判（negotiate upward）。他不只獲得恩巴庫的支持、為他療傷，也說服了恩巴庫提供自己的軍隊，一起抵抗齊爾蒙格與他的瓦干達軍隊。帝查拉明確的道德感與倡議，幫助他跨越世代的衝突，建立強健的關係。

領導者在處理外部組織時，另一個重要行動便是支持與代表團隊面對外界，這是瓦干達定位的關鍵因素。瓦干達選擇向世界隱藏自己也有其缺點。在奧科耶與帝查拉互動之下，他們總會受到別人不經意的不尊重，特別是特工羅斯，因為羅斯相信瓦干達以及這個國家的領導者沒什麼能提供的。只有當羅斯體驗到瓦干達科技的力量，他才成為有效的盟友。

外人的評價也影響了帝查拉穿上黑豹服裝、代表瓦干達時的行為。這就是帝查拉為什麼選擇不要在南韓殺掉克勞，因為有太多人看著他處決一個人。如果瓦干達期望登上世界舞台，一個殺人不眨眼的國王風評不會多好，帝查拉必須用不同方式為國家發聲。

帝查拉要有效地為瓦干達發聲，並且與外在盟友建立更堅固的關係，為此他必須拒絕接受瓦干達的孤立主義。當帝查拉面對冥界的父親時，他特別提到瓦干達過去行為欠缺道德清晰度（moral clarity）。一直以來，瓦干達的領導階層總是避免貫徹他們的道德義務。道德領導理論（ethical leadership theory）描述，有道德的領導者應該是誠實、有原則的決策者（Brown & Treviño, 2006）。既

然帝查卡國王的行為受到這麼多反對，帝查拉更需要道德清晰度，才能將瓦干達的價值帶到外面世界。

雖然帝查拉比父親擁有更高的道德清晰度，這個特質得來不易。當他有機會向議會解釋齊爾蒙格的身分時，帝查拉猶豫再三，更是企圖將齊爾蒙格帶離議事廳。只有當帝查拉對外宣布齊爾蒙格擁有皇室血脈，並且接受他的挑戰時，帝查拉才有資格當上國王。帝查拉必須展示，他有能力進行另一個重要的外在領導行為，也就是跟自己的團隊分享所有資訊。他們需要這些知識，他們的國家才能與其他人在世界舞台上互動。

相較於帝查拉的誠實，其父親帝查卡選擇向團隊隱瞞其姪子尼賈達卡（齊爾蒙格的本名）的存在，認為自己的團隊不應該接收到這個資訊。關於團隊應該受到何等保護，有效的團隊領導者必須做出合理的決定，但是帝查卡的這個決定是不對的。相較之下，帝查拉提供資訊讓團隊了解情況，往往這些資訊也成為他的團隊有效運作的資源。

帝查拉與齊爾蒙格的最大差別，在於他們怎麼看待瓦干達的效用。兩人都同意瓦干達應該做得更多，但他們在策略上出現意見分歧。齊爾蒙格用脅迫行為命令他的團隊建造武器，並與全世界分享。齊爾蒙格認為瓦干達應該是征服者，甚至說服烏卡比，這世界上只有征服或被征服的份。

帝查拉的世界觀比較開放，不是如此黑白分明。齊爾蒙格只把敵人看作敵人，帝查拉反而看見合作機會。齊爾蒙格甚至將瓦干達裡的人視為敵人，他的行動基本上都聚焦在任務上，並以他的人際關係為代價。帝查拉回到瓦干達時，皇家護衛隊立刻反抗齊爾蒙格，因為他

太在意外界的敵人，反而疏於維護任何關係。齊爾蒙格甚至燒毀了神聖的心形草，可見就連瓦干達未來世代的國王，都是他的潛在敵人。

帝查拉的王位鞏固後，選擇向世界連結。他採用娜奇雅的計畫，對外開始以科學基礎建立關係。這些行動讓瓦干達獲得更多盟友，這些關係在復仇者聯盟面對薩諾斯時，顯得更為重要。瓦干達，這個與世隔絕這麼久的地方，竟成了「彈指事件」發生之前，復仇者聯盟在地球上對抗薩諾斯的最終戰場。

在這場戰役中，當英雄們面對薩諾斯的爪牙時，跨團隊系統之間的協調，顯得特別重要。瓦干達的護衛隊、賈巴利軍隊，以及各總復仇者團隊組合，並肩作戰、保護幻視（the Vision）與他的無限寶石。每一個團隊都被賦予清楚的任務，在面對薩諾斯時也都知道該做什麼。雖然最後無法打敗薩諾斯（時間寶石能提供更多機會，問奇異博士就知道），但這些團隊都能有效運作。團隊成員之間共享資訊，才能在不同時刻都能挺身而出。

將瓦干達開放、成為對抗薩諾斯的戰場，是在帝查拉的領導之下所帶來的巨大改變。他有能力與那些反對他的人維持強韌的關係，也有能力說服截然不同的族群，為了自己的利益與他人合作。

身為團隊領導者，在面對外部利害關係人時，你要考慮管理這情況的最佳辦法。為了自己的團隊監控情形，才能做出最符合自己團隊利益的決定。齊爾蒙格的例子告訴我們，把談判視為一個零和遊戲，對團隊並非是最好的。建立關係、有效溝通、專注在團隊需求以及團隊效能，才能讓利益最佳化。

身為領導者，思考如何在團隊內外建立有效的人際關係，能幫助你成為更好的領導者。若能理解外部環境、團隊／組織的需求，以及該如何運用關係上的優勢，你能學習如何將團隊帶入全新的世界。

重點摘要

我們在本章裡，將重點放在領導者如何為團隊與組織管理外部關係。一開始我們先討論一種領導力模型，包括以下構成要件：1. 個人特質、2. 職能、3. 環境影響、4. 職涯經歷，以及 5. 領導成果。每一個要件都受到外部環境的影響。領導者之所以成為領導者，是受到這些外部環境的影響，而透過理解這些外部因素，可以了解到該如何與外部利害關係者與組織交涉。

我們也討論了希爾團隊領導模型，並將重點放在領導者身為團隊領導人，應該考慮的外部因素。有效的團隊領導者會評估外部環境，與團隊之外的人交涉，為團隊發聲，保護團隊不受外界干預，與團隊成員分享相關資訊，以及為了團隊與組織的最佳利益進行談判。領導者必須考量到所有這些因素，因為他們必須在複雜的多團隊系統中，與各式各樣的利益關係人打交道。

第 9 章

我是英雄、X 戰警、變種人或是危險人物？領導力與身分認同

　　在《X 戰警》系列電影中，我們看到許多領導者試圖定義變種人，一個因為基因突變而天生擁有特殊力量的人。X 教授希望變種人將自己視為英雄，並成為所有人類的保護者，同時也是人類的一部分。萬磁王則要變種人認清自己跟人類有別，是大自然進化的下一步，必須對抗來自正常人類的歧視。與此同時，電影裡的非變種人領導者，卻認為變種人兩者都不是，更不是人類，而是對人類的一大威脅，因此必須受到控制；或者，視變種人為一種疾病，必須接受「醫治」。

　　對於追隨者如何看待自己以及自己的身分，領導者往往扮演至關重要的角色。在這一章裡，我們會討論領導者能如何幫助追隨者建構他們的「意義」，詮釋正在發生的事情，並協助他們理解自己該如何融入一個組織或團體。我們會檢視「組織認同」（organizational identification）的概念，也就是一個人對哪些團體有連結感，以及這樣的認同感有哪些構成要件，這種認同感能幫助他們對組織更忠誠。最後，我們會討論能如何將這些所學，應用在自己的英雄、變種人，或是一般正常的員工團隊上。

建構變種人存在的意義

「意義建構」（sensemaking 或 sense-making）是在團體與組織中進行的一個過程，在這個過程中，人們會試著解釋自己世界裡的事件、人物與想法（Maitlis & Christianson, 2014）。當一件事似乎與一個人有關，但是內容相當複雜，亦或不符合這個人的預期時，就會需要意義建構。所以，如果一家公司解僱了公司總裁，對此毫無預期的員工會希望釐清情況，以及這件事是否會影響到他們。

在電影《X 戰警：最後戰役》裡，科學家為變種人研發出一種「解藥」，變種人此時需要釐清，這對變種人有什麼意義？究竟是好是壞？這個所謂的「解藥」是他們應該考慮使用的嗎？對一件事情的解讀，會影響一個人的意見與行動，無論是支持一位新的總裁，還是試圖毀掉新的變種人「解藥」。

雖然每個人都會進行意義建構（請回想自己試圖弄清楚一些突發事件的經驗），為追隨者釐清事件發生的過程中，領導者往往扮演關鍵角色。領導者會幫助追隨者定義哪些事情是有意義的，以及他們該對這些事情有什麼樣的反應與感覺（Smircich & Morgan, 1982）。領導者會為追隨者提供一個框架，讓他們理解事發經過，以及這件事如何與他們的價值觀與目標吻合。他們也可能會為一個人，對於這件事情的感覺與情緒提供一個框架（Mikkelsen & Wahlin, 2020），這一切將影響追隨者未來的行為。

在《X 戰警》電影裡，我們看到許多領導者企圖影響變種人的形象，並且決定變種人該做哪些事情。這些人擁有這些超能力是「未預

期」的情況，因此不光是變種人，沒有變種人超能力的普羅大眾也會指望領導者，協助他們定義變種人究竟是什麼。

X 教授提供的願景是將變種人視為人類群體的一部分，而變種人的超能力，能讓他們像英雄一般幫助他人。他經營一間「澤維爾天賦教育學院」（Xavier's School for Gifted Youngsters，簡稱 X 學院），讓青少年可以在此接受訓練，安全地使用他們的超能力，其中一些學生畢業後能成為 X 戰警，一個致力於當英雄的變種人團隊。值得注意的是，他將此地定義為學校，不是變種人的監獄或軍事基地，也不是一個避難所，而是一個學習的地方。學校裡的學生都被歸類為「有天賦」，他們的變種超能力是正面的，能讓他們幫助別人。參加 X 學院的學生，或者只是知道這間學校存在的變種人，都可以感覺到自己是有天賦的人，有能力回報這個世界。可見，這樣的意義建構之下，變種人是有天賦的人類，透過適當的訓練能為世界帶來正面的影響力；非變種人不需要害怕變種人，變種人則應該專注在如何幫助提升人類全體的生活。

X 教授這樣的意義建構，認為變種人有可能與其他沒有超能力的人類和平共處。很可惜的是，這樣的框架並非被所有人接受，其他變種人與非變種人，對變種人有不同的想法。這樣的領導者由於有不同的目標與意見，所以影響了他們對變種人的理解，以及變種人在世上該扮演何種角色的看法。

萬磁王提供的意義建構，與 X 教授大相徑庭。萬磁王認為變種人是大自然演化的下一階段。變種人並非人類，而是下一步，因此會主宰未來世界。於是，正常的人類被定義為一種對變種人的威脅。萬磁

王對其追隨者灌輸的想法是，人類終究只會懼怕他們無法理解的事物，並且為了宣洩這樣的恐懼，選擇殺害變種人或奪走他們的超能力。萬磁王將正常人類詮釋為一種威脅，源自他在第二次世界大戰中，因為猶太人身分在集中營的個人經歷。他親眼見證了，人類會對那些與自己不同的人能夠多麼殘忍。因此，萬磁王認為，比起幫助世界上大多數的非變種人，保護變種人同胞更為重要。在他眼裡，變種人與非變種人是戰爭中的兩方，因此，在萬磁王的意義建構之下，變種人必須將自己視為與非變種人不同的存在，並且保護自己不受到現在與未來人類的威脅。為此，變種人必須團結一致。

電影裡，非變種人領導者也會針對變種人進行意義建構。大部分而言，他們是為了非變種人進行意義建構，解釋該如何看待變種人，以及該對變種人有什麼反應。這類領導者對變種人的常見框架，是認為變種人對人類而言是危險的，大家不應該將變種人視為人類。在第一部《X戰警》裡，美國眾議員凱利（Senator Robert Kelly）支持的政策，要求所有變種人都必須登記在冊，讓政府監督管制。凱利議員認為這是合理的行為，因為變種人的超能力造成他們與武器一樣危險。因此，變種人是一種危害，而非人類。

我們也看到非變種人領導者，將變種人視為一種疾病。華倫‧沃辛頓二世（Warren Worthington II）與他的「沃辛頓實驗室」（Worthington Labs），為變種人創造一種「解藥」，可以讓變種人徹底失去他們的超能力。對沃辛頓而言，變種人之所以有超能力，跟罹患身心疾病是類似的情況，變種人不只對其他人是一種危險的存在，對自己也是。所謂的「解藥」就是移除掉身為變種人這個問題。因此，正常人類應該認為變種人很可憐，但現在既然有解藥，他們就

可以「解決問題」，變回正常人類。這個觀點將變種人是需要醫治的患者合理化，而不是把變種人視為有價值或應該接受的狀態。

可見這些領導者都是在對同樣的情況（變種人的存在）作出反應，但是每一種領導者都採取了不同的意義建構，顯示他們對於變種人的不同理解，以及該如何處置他們的想法。

身為領導者，我們經常被要求判斷什麼是重要的，以及我們的組織該如何對應。如果主要的競爭對手宣布裁員，這對我們是好消息（肯定是我們做得更好吧）還是壞消息（消費者不像以往在意我們的產品）？身為領導者，你會經常要做出這類決定，並且說服別人同意你的觀點。這麼做能幫助你的團隊站在同一陣線、相互合作，而不是個別進行意義建構，造成目標不一致的可能性。意義建構做得好，你的團隊成員也會覺得彼此之間有連結感。

接下來，我們會再討論其中一種連結感，也就是「組織認同」。

「我現在是 X 戰警了！」對組織認同的連結感

組織認同是指一個人，根據他們所屬的組織或團體定義自己身分認同的程度。對組織有強烈認同感的人，其實對組織有非常多的好處，因為他們通常更有動力、忠誠度更高，工作表現也往往更好（Blader et al., 2017）。這些員工擁有認同感可能有很多原因，但組織相關的活動，以及組織在他們周圍進行的意義建構，都有非常重要的影響。特別是在重大危機發生時，例如在新冠疫情之下組織不得不做出痛苦的決定，以展現組織真正重視的事情（Ashforth, 2020），組織有辦

法幫助員工釐清現況，讓他們與組織有連結感嗎？還是會給員工一種虛假的形象、破壞他們的認同感？

我們確實能在《X戰警》系列電影中，看到各種對組織認同的樣貌。許多變種人對X教授的學院與X戰警團隊有很強烈的連結感。每位X戰警的成員，都願意為了團隊與學院奉獻生命。金鋼狼第一次遇上X戰警時，並不信任X教授和他的團隊，但隨著時間經過，他對團隊的認同越來越強烈，甚至在《X戰警：未來昔日》中，願意為了他們捨命穿越時空。這展現了他的強烈動力，以及認同X教授的理念：人類與變種人一起共事。金鋼狼在X戰警身上找到歸屬感，以及感受到自己的意義，這是組織認同中常見的「親和動機」（affiliation motive）（Ashforth, 2016）。X戰警成員也會穿上一身制服，同樣也展現了他們對組織（X戰警）的重視，而非個人利益。

萬磁王也能吸引變種人加入他的理念，引發強烈的認同感。萬磁王創造的是「變種人兄弟會」，一個專屬變種人的組織，他們齊心協力保護彼此不受正常人類干擾，創造出變種人能共同生活的地方。他提議，變種人不應該對人類產生身分認同，反而應該覺得自己高人一等，也應該能按照大自然賦予的天賦做自己。這對一些變種人而言可能是非常吸引人的論點，就像火人（Pyro）決定離開X戰警，加入這個變種人兄弟會。對於那些與正常人類無法感受到連結感的變種人，這個兄弟會提供了認同感。

各個組織的領導者都應該思考如何創造這種組織認同的連結感。參考你自己的經驗，過去是否遇過希望能讓你感受到自己像組織的一部分、為組織感到驕傲的領導者？這種領導者可能是在帶領一整個組

織，如公司執行長，也可能特定團隊或工作小組的領導者。當你的團隊擁有團隊認同，也將其視為自己有意義的一部分，這個團隊就能做到許多了不起的事情，就像 X 戰警這樣的團隊。

有連結感的人，會對團體或組織感受到強烈的責任感，我們將在下一段繼續討論。

「我一輩子都是 X 戰警！」對組織忠誠的 3 種要件

「組織承諾」（organizational commitment）是一個人渴望留在一個組織裡，努力為了滿足組織的目標而工作。忠誠的人比較可能留下來，也更有動力、比較少請假，工作表現也比較好（Yahaya & Ebrahim, 2016）。前述的意義建構與組織認同，都能讓員工對他們的組織更忠誠。根據研究顯示，組織承諾有三大組成要件，而且在《X 戰警》系列電影中，三種都能看見。每一種類型都會影響一個角色所採取的行動。

第一種類型稱為「情感性承諾」（affective commitment），這是組織成員對組織感受到強烈的忠誠度，並且想要繼續作為組織的一份子（Meyer & Allen, 1991）。因此，那些擁有高度情感性承諾的人往往對組織及其價值觀擁有強烈認同。許多 X 戰警的身上能看到這樣的忠誠度，他們相信 X 教授的理念，也願意努力協助他成功。一個情感承諾較低的例子，就是火人這個角色，他對 X 戰警與人類共事的情感連結不怎麼強烈，因此選擇離開、轉身加入變種人兄弟會。兄弟會的任務與他自己的期望更吻合。

　　第二種類型稱為「持續性承諾」(continuance commitment)，指一個人衡量其它選擇後，認為沒有別的組織能提供同等利益，而願意表示忠誠的程度（Meyer & Allen, 1991）。多數情況下，這些人可能擁有特殊專長或經驗，因此能獲得高薪或在組織裡有較高地位，但這些無法轉換到其它組織。這個現象曾出現在美國，當一些在自己的工廠擁有高薪與地位的汽車工人面臨工廠關閉，他們在找工作時遇到許多困難。由於他們的技能只能用在該工廠，以薪資與地位而言，那是最好的選擇了。

　　我們確實會以為，某些變種人選擇留下當 X 戰警或是加入變種人兄弟會，可能是因為他們別無選擇。這種情況下，是否相信組織的任務並非多麼重要，而是沒有更好的選擇。如果有更好的選擇出現，他們可能會離開。在《X 戰警：最後戰役》中，小淘氣（Rogue）就願意考慮接受變種人「解藥」而不是繼續當變種人。她的超能力讓她難以和別人接觸、產生連結，X 戰警是少數她感受到連結感的地方。但是，如果可以選擇放棄超能力，她就不需要這麼做，反而可以回去過上「正常」生活。

　　第三種承諾類型稱為「規範性承諾」(normative commitment)，是一個人感覺對組織有連結感，以及願意留下來的義務程度（Meyer & Allen, 1991）。如果你覺得組織給了你「千載難逢的機會」，或是在重要時刻支持了你，你會為了報答組織而支持它。對金剛狼而言，X 戰警給他的幫助，讓他能釐清自己的過去，因此他覺得自己有義務留在 X 戰警。與此同時，X 教授認為魔形女（Mystique）應該感激他與 X 戰警，因此應該留在 X 戰警團隊裡，而不是加入萬磁王的陣營。這個例子中，X 教授認為魔形女應該要有規範性承諾，應該保持對 X

戰警的忠誠，但她未感受到這樣的忠誠，因此選擇離開 X 戰警。這是規範性承諾的重要特點：個人的感受。別人可能會覺得你「欠」你的組織忠誠，但是規範性承諾之下，一個人的感受才是最重要的。

一個人對組織的整體忠誠度，主要有以上 3 種不同的成分，領導者可以協助提升追隨者每一種忠誠類型的程度。因此，當萬磁王或 X 教授講述各自組織的任務時，他們可能是在幫助追隨者更加認同組織，以及加深與組織的情感連結（情感性承諾）。當萬磁王的變種人兄弟會犯法，變種人很難再回到正常生活，可能會讓他們覺得自己已經無處可去（持續性承諾）。當 X 教授幫助變種人控制自己的超能力，提供安全的居住環境時，他是在提升這些變種人留下來成為 X 戰警成員的義務感受（規範性承諾）。

雖然，如何提升團隊成員的忠誠度會有道德上的顧慮（像是萬磁王和他們的非法行為），隨著時間過去，好的領導者一般能提升追隨者的忠誠度，讓全體員工也能因此獲得更多利益。

重點摘要

　　對於追隨者如何看待世界以及他們的工作場所，領導者起了非常大的影響力。在本章裡，我們用許多方式討論這一點，包括檢視《X戰警》系列電影作為範例與教訓。領導者會幫助追隨者釐清世界上發生的事情，領導者也會影響追隨者，對於組織或團體的認同程度，讓組織的利益也成為追隨者的利益。最後，我們觀察到一個人對組織或團體的忠誠，有不同的感受方式，其中領導者又能扮演何種角色。

　　發揮領導力的人，許多時候必須為追隨者詮釋他們的世界觀。如果發生未預期或令人困惑的事情，這種「意義建構」就顯得更重要。領導者會幫助整體團隊齊心協力，以相同觀點看待一件事，並為此採取適當的行動。《X戰警》電影裡隨時都會出現無預警的情況，娛樂性十足，但是在現實世界中，我們也需要面對未預期的各種狀況。好的領導者能為一件事提供一個框架，幫助追隨者理解狀況，又能符合組織的目標與價值觀。

　　大部分的人都想要有歸屬感，而組織認同能幫助我們思考，一個人能如何對組織及其目標感受到強烈的連結感。這種認同感讓組織目標成為個人的目標、鼓勵行動，並且提供更多動力。X教授與萬磁王都提出了有力的願景，他們的追隨者也能認同這些理念，並且當作自己身分認同的一部分。好的領導者會幫助其追隨者理解組織的意義，以及組織能如何符合個人的身分認同。

最後，我們討論了組織承諾的 3 種組成要件（情感性承諾、持續性承諾，以及規範性承諾）。每一種類型都會影響一個人對組織的忠誠度，以及他們是否願意留在組織裡，一起爲其目標努力工作。每一個忠誠類型背後都有不同的理由，所以每個人的情況與程度可能很不相同。領導者能透過自己的行動，像是展現組織目標爲何重要，讓成員覺得組織是他們最好的去處，幫助團隊成員加深對組織的忠誠度。

領導者必須仔細思考，該如何幫助其追隨者理解這個世界、如何看待自己的組織以及對他們的利益。領導者不能隨便假設每個人的意見都一致。而這個章節提供了一些建議以及可以思考的面向，期望幫助你對現在及未來的追隨者，創造意義、影響工作態度，並鼓勵他們採取行動。

每個故事都從一位（女）英雄開始

漫威電影裡有各形各色的領導者，但領導者的性別多樣性倒顯不足。漫威電影裡的領導者，包括正式任命以及非正式領袖，大多是男性。很難看到女性領導者，而非常規性別或跨性別領導者，幾乎可說是不存在。

在這章會討論到缺乏女性領導者的現象，很可惜的是在現實生活中也是如此。我們會討論這個現象背後的一些原因，像是隱含的領導理論，即使研究顯示男性與女性，在領導角色中的表現幾乎相等（Gipson et al., 2017）。我們也會探討，為何女性往往是在危急的情況或表現不彰時（例如黑寡婦在漫威宇宙 5 年的空白期）被賦予領導機會。我們也會強調，身為領導者的我們，能如何讓組織更包容，並且支持女性領導者，確保我們擁有追求成功所需要的（女）英雄。

（女）英雄的玻璃天花板

美國約一半的勞動人口是女性，但重要的領導角色中，這個比例卻顯得極為懸殊（Gipson et al., 2017）。美國《財星》雜誌評選的500 強企業中，僅有 8% 有女性執行長，其中只有 1%（2 人）是黑人女性（Hinchcliffe, 2021）。放眼全球，只有 31% 的資深企業領導角

色是由女性擔任（Grant Thornton, 2021）。女性在全球領導角色中未被充分代表，這個現象經常被稱為「玻璃天花板」，指超過一些較低階職位以後，女性以及其他少數族群無法獲得領導者的角色。

　　發生這種情況有許多原因。性別刻板印象與歧視當然是主要的原因，因為這會影響各式各樣工作場合的女性（Gipson et al., 2017）。然而，這個議題還可再往上疊，因為人們往往有自己一套理念，認為領導角色是什麼，以及該有什麼「樣貌」。

　　內隱理論是一種主張，通常是針對世界的運作、事情該有的做法，顯現出來的淺意識想法。以領導者而言，這些主張是指誰該當領導者，以及什麼樣才是有效的領導者。內隱領導理論的重要部分之一，認為男性以及男性特質作為領導者是比較適當的特質，這個想法被稱為「想到領導者便想到男人」。柯尼格（Koenig）等人在 2011 年的統合分析（meta-analysis）研究中，觀察許多不同的研究發現，文化上的男性特質與男性刻板印象，被視為與領導特質與有效領導的樣貌更為相似。

　　當大家在考量領導者該有什麼樣的樣貌時，通常會注意到具有代理人（agentic）特質，認為此人應該是個人主義至上、自信與果斷的個性。這些特質較常與男性刻板印象有連結，而女性刻板印象則認為女性比較溫和、注重群體（Gipson et al., 2017）。相對地，具有顯性特質如自信、性格剛強、有說服力的人，更常被視為一位領導者，也是有效的領導者。這樣的個性比較符合男性刻板印象，而研究發現只有當男性（而非女性）有這些特質，才會被視為正面的領導形象。比較強勢的女性不被視為更好的領導者，甚至可能會被當成負面的領

導特質，因為這不符合現有的女性刻板印象（Kim et al., 2020）。

這樣的男性特質與領導者形象的內隱理論有強烈的相關性，對有志成為領導者的女性是不利的，因為他們會被視為「不適合」擔當領導角色。若處在灰色地帶，大部分的人會將男性視為領導者而非女性，但如果決策者是女性，這個影響就比較小（Jackson et al., 2007）。

這些隱含的價值觀與歧視的隱憂，也很有可能是為什麼女性一般較少渴望成為領導角色的原因。霍伊蘭（Hoyland）等人在 2021 年的研究發現，18 至 20 歲的訪問對象中，認為自己有自信成為有效領導者（領導者自我效能），與渴望在職涯中擔任領導角色比較有關聯，而這麼回答的男性比女性多。所以，認為自己能成為有效領導者的男性，更有動力在職涯中成為領導者。即便自認為有能力當領導者，女性在職涯中成為領導者的動力較少。

2020 年由古德溫（Goodwin）等人發表的研究顯示，當被邀請加入一個成員大多為男性的線上領導委員會的時候，女性比男性更覺得自己在委員會裡的影響力會較少，加入委員會的意願也較低。可見，我們認為有能力成為領導者的女性，可能不願站出來接下領導職位，因為她們覺得自己比較不可能被選上，或者即便擔任領導角色，實際獲得的權力也不多。

漫威電影宇宙以及漫威電影裡，不幸的是我們看到的領導角色，大多由男性（以及白人）男性擔任。美國隊長和鋼鐵人這種角色，整體或許是好的領導者，但他們也確實符合內隱領導者理論，擁有男性特質。雖然他們領導的方式不同，兩位都可以被視為擁有高度代理人

特質與顯性特質的人。

　　驚奇隊長（Captain Marvel）這種既受過軍事訓練以及克里人訓練的角色，看起來非常適合擔任領導角色，但她在漫威電影宇宙裡，並沒有真正的機會成為領導者，大多時候只能單打獨鬥（雖然在漫畫裡她有當過幾次領導者）。驚奇隊長反而經常受到同儕的歧視，懷疑她是否「適合」在空軍裡擔任飛行員（一個以男性為主的職業）。驚奇隊長的克里人指揮官勇-羅格（Yon-Rogg），也擺出一副驚奇隊長需要對他「證明自己」的模樣，雖然這不一定是因為她的性別，有可能是因為她來自地球。驚奇隊長在自己電影的最後，大可繼續留在地球上，但是她選擇獨自去太空，為自己創造一條道路。雖然這對她個人而言，可能是正確的道路，但是當其他英雄開始出現在漫威電影宇宙的時間軸時，她在地球上若能擔任領導角色，可能會有巨大的影響力。

女性領導者的玻璃懸崖

　　雖然我們聊到職場上普遍缺乏女性領導者，女性真正能獲得的領導機會也可能有問題。女性可能會在艱困、失敗率高的情況之下，擔任領導角色。這種情況無法讓女性領導者為成功領導做好準備，他們的領導時間也可能因此縮短。

　　研究發現（Gipson et al., 2017; Glass & Cook, 2016）女性可能在組織或團體面臨危機、風險，或高失敗率的時期，更有可能被選為資深的領導角色，這個概念被稱為「玻璃懸崖」（glass cliff）。玻璃天花板是指女性到了某個階層的領導地位後無法繼續往上升，而

玻璃懸涯則指女性在事情可能急轉直下的時候，被賦予領導角色，因此這個領導者有墜崖的可能性。失敗的組織比成功的企業更有可能選擇女性擔任執行長，在這種情況之下，女性領導者常被形容為「新氣象」或「用來挑戰現狀的人」。危急時刻更需要人際關係的經營能力，以及建立關係的需求，女性領導者被認為在這方面做得更好。

在漫威電影宇宙中，我們能在薩諾斯摧毀宇宙一半生物之後的 5 年空白期，看見這樣的現象。這當然是很極端的危急情況，造成這局面的一部分原因，也可說是當時超級英雄領導者的失敗。美國隊長、鋼鐵人、雷神索爾，甚至是綠巨人浩克，都與復仇者聯盟漸行漸遠，他們也可能失去領導地球上的超級英雄的機會。此時，黑寡婦才是領導者，在危機發生過後漸漸重建世界。如同玻璃懸崖的比喻，一位女性領導者在這危急時刻當上主管。

電影裡完全沒有解釋為什麼黑寡婦成為了領導者，只有簡略帶到其他男性英雄們沒有辦法領導。我們確實看到黑寡婦扮演一位建立關係的角色，聯繫其他英雄，以及相關團體或國家如瓦干達。可惜這一段故事非常簡略，但是他似乎在這情況下做得不錯。然而當這個情況開始有了改變，黑寡婦也漸漸成為背景，比較傳統的男性領導者，如美國隊長與鋼鐵人，則開始拿回實權。可惜，黑寡婦在維繫世界運作的那 5 年所做的努力，似乎沒有得到太多認可。

當女性被賦予領導角色時，她們獲得的權力與權威可能遭受挑戰。從她們被賦予什麼樣的角色，可以看到這個現象。葛拉斯（Glass）與庫克（Cook）在 2016 年的研究發現，女性當上執行長，同時擔任董事會會長的人只有 13%，男性則是 50%。女性往往缺乏同時擔任兩

個要角而獲得的權威，這些女性也通常較少獲得其他董事會成員與領導者的支持，還會遇到性別歧視，甚至被排除在重要的正式與非正式會議之外。因此女性領導者的權威會遭受質疑，獲得的支持也比大多男性領導者少。

現有的研究指出，即使女性跟男性在擔任領導角色時一樣有效率，女性領導者很不幸地總是在我們的世界裡，遇到相當大的挑戰（Gipson et al., 2017）。本章接下來的部分，會特地描述我們該如何幫助女性領導者做好成功的準備。

如何幫助創造（女）英雄

既然我們知道女性領導者會面臨的挑戰，我們可以利用這些知識成為幫助減少挑戰的領導者，協助組織得到他們需要的（女）英雄。

重要的第一步便是理解，我們大家所抱持什麼樣的內隱理論，可能會阻礙我們看見有領導潛力的女性，阻礙她們獲得領導角色。當我們檢視組織內部具有領導潛力的人時，我們不應該只看那些代理人特質和顯性的個性。這些人可能符合我們對領導者的想像，但這不代表他們是成為領導者的最佳人選。就這點而言，我們也需要確保自己在檢視個性時，不會對男性與女性有差別的評判。表現果斷的人，無論性別都應該受到同樣的評定。不應該是在男性身上就視為正面特質，在女性身上卻成了負面特質。做這些領導潛力的評斷時，應該往後退一步，確定自己沒有落入性別刻板印象的泥淖之中。

我們也需要更加注意，我們是如何找到那些具有領導潛力的人。

若自己的組織裡，對領導者特質或經歷沒有清楚的標準，很容易又落入那些內隱理論的圈套，造成歧視。擁有什麼樣的特質，才是好的中階經理？副總裁？執行長？如果我們能依據自己的組織需求與環境，明訂標準，更容易找到真正符合需求的人選，而不是只看到符合領導者刻板印象的人。

另一個重要步驟就是確保自己的組織裡，女性有機會成為領導者，以及做超越性別角色的工作。芬瑟雅思（Finseraas）等人 2016 的研究顯示挪威軍隊裡選班長時，女性候選者如何被看待。女性領導候選人被認為比較不適合擔任班長，但如果有男士兵曾與這位女士兵密切合作，這些歧視性的觀點就會消失。這些士兵有差別地對待一位他們不認識的女性候選人，但當他們擁有與有能力的女性候選人共事的經驗，將認為這些女性候選人與男性候選人是平等的。如果有與女性領導者共事的經驗，人們對於女性成為領導者的想法會更真實也容易接受。

確保女性擁有與男性同樣的機會，即便只是領導小型的專案或工作小組，可以正常化女性在組織擔任領導角色。雖然在漫威電影宇宙中沒有看到這種策略，在漫畫裡，復仇者聯盟有時會輪調團隊會長的角色，這樣的角色可以讓所有團隊成員，包括女性成員，有機會當領導者。

當我們將女性領導者變成組織的正常狀態，而不是例外，可減少女性只能在危機出現、團隊表現不彰，或是需要「改變局面」時擔任領導者的狀況。某些女性領導者確實可能擁有在危機發生時所需的關係建立能力（Glass & Cook, 2016），但我們應該是因為這項能力選

擇領導人,而非只是將女性放入這個角色。即使在這種情況下,我們也需要承認領導失敗,不單單只是人的問題,更有可能是負面環境造成的。不要讓這種時間點,成為女性員工唯一角逐領導角色的機會。

最後,我們需要確保女性在擔任領導角色時感受到支持,也能獲得男性領導者同樣的權威與權力。如先前所述,女性比較不渴望角逐領導角色,是因為她們覺得即使當上了,也沒辦法得到同等的權力。古德溫等人(2020)的研究顯示,雖然女性對可能擔心擔任領導角色時擁有較少權力,但是如果組織可以(透過表揚或職位說明)幫助她們展現領導角色的能力,兩性都會有相同的權力感。如此一來,女性更會願意角逐領導者的職位。

在我們自己的組織裡,宣揚過去曾成功擔任領導職位或類似角色的女性故事,能幫助組織的女性成員看見,自己有可能也會成功。像復仇者聯盟這樣的團隊,或許應該強調黑寡婦的成功領導能力,讓其他未來女性領導者看到自己能成為怎麼樣的(女)英雄領袖。組織也需要確保這些女性領導者,能實際獲得她們需要的支持,像是提供個人所需的領導力培養計畫,以及能給予支持的導師。

重點摘要

　　當我們在考慮誰能成為成功的領導人時，要確保自己對於領導者的想像，不會去忽略潛在的候選人，因為這在我們的世界裡，太常發生在女性身上。這也造成世界上女性領導者太少，像是我們真實世界裡的執行長職位，以及漫威電影宇宙的領導職位，都鮮少看見女性蹤影。本章試圖描述造成此議題的本質，並且提供一些策略來消弭問題。我們要這些（女）英雄領袖發光發熱，而不是只能淪落為配角。

　　本章一開始描述了在我們的世界裡，即使美國勞動人口幾乎一半是女性，但是前 500 強企業中，卻沒有同等比例的女性擔任執行長。全球商業世界能看到這樣的短缺，在漫威電影宇宙裡也能看到。

　　高階職位缺乏女性人選被稱為「玻璃天花板」，意指女性在組織階層中的升遷，會停留在比較低階的位置。造成這個問題的重大原因之一，便是關於誰有資格成為領導者的內隱理論，常見的情況是大家只注重符合男性刻板印象的特質與特性。因此，我們會去指望領導者要有自信又果斷，但女性若有這些特質、不符合女性刻板印象的話，則會得到不公平的對待。即使有研究指出，女性在擔任領導者時，工作表現並不亞於男性領導者，仍會有這樣的情況（**Gipson et al., 2017**）。女性最後可能會覺得自己不適合領導職位，她們也不會得到跟男性領導者同樣的權力。

　　即使女性有機會當領導者，她們經常被放在困難的情況下、或是組織正面臨危機時，失敗的機率很大，這稱為「玻璃懸崖」。我們在漫威電影宇宙裡看見黑寡婦，在 5 年的空白期成了復仇者聯盟的主管。因為女性往往無法獲得跟男性領導者相同的支援，像是董事會的支持，這種狀況更為險俊，女性領導者甚至會因為性別歧視的態度，遭受挑戰與排擠。

　　在面臨這些挑戰時，身為領導者的我們，支持女性領導者，以及有潛力成為領導者的人是非常重要的。第一個方式是理解內隱理論，以及這會如何影響我們對領導潛力的判斷。若要減少這些理論的影響力，必須清楚制定標準，以評斷什麼樣的人能成為成功的領導者，也要釐清自己的組織重視什麼樣的特質。

　　接著，我們要確保無論機會多大多小、重不重要，女性都有機會成為領導者。擔任領導職位的女性能獲得相關經驗，也能向組織的其他女性展現：女性也能成為好的領導者，還有女性擔任領導職位也是正常的。擁有這些機會之後，就必須要有適當的支持與權威，才能成為成功領導者。

　　本章為我們指出，女性沒有機會擔任領導角色的問題，以及減少這些問題發生的方法。我們必須成為英雄領袖去幫助組織裡的（女）英雄們，成功擔任領導者。

第11章

我可以陪你耗一整天：
「僕人領袖」史蒂夫‧羅傑斯

　　從一開始，甚至在成為美國隊長之前，史蒂夫‧羅傑斯（Steve Roger）的目的便是服務他人。羅傑斯不認為戰爭是光榮的事，他在二次世界大戰參軍的原因，只是為了幫助弱勢的一方，他無法坐視不管，讓霸凌者成功操控軸心國。這是美國隊長的核心價值，看見不對的事情就會努力修正它。這個角色的關鍵時刻，是當他根本還沒有超能力時，捨身衝去以肉身擋住手榴彈，以保護自己的軍中同袍。羅傑斯會這麼做，是因為他想服務他人。

　　領導者經常被形容為能影響他人完成任務的人。但在許多情況之下，領導者必須為追隨者提供支援，讓追隨者能完成他們的共同目標。少了領導者的支持，許多追隨者無法達成目標。

　　在本章裡，我們會檢視領導者同時作為「影響者」與「服務者」的概念並探討「僕人領袖」的特質與「僕人領導模型」。最後，我們會討論你要如何成為自己組織裡的僕人領袖。

僕人領袖的 10 個特質

大家經常認為領導力就是要求追隨者,依照你對他們的期望做事。格林利夫（Greenleaf）在 1970 年重新詮釋這個概念,指出領導者會自然傾向於先服務他人,讓他們能持續發展。因此,領導者不是從追隨者身上找出工作,而是領導者會協助追隨者工作。無論是在獲得超級士兵血清之前,在二次世界大戰中從軍,還是對抗星際威脅時,美國隊長都會把自己的追隨者優先放在自己之前。

你可能會想「領導者要如何服務他的追隨者?」,史賓賽（Spencer）於 2002 年指出僕人領袖的 10 個特質:

1. **聆聽**:僕人領袖在說話之前會聆聽,允許追隨者能充分表達意見。即使美國隊長與鋼鐵人發生衝突,他還是讓史塔克說出自己的想法。

2. **同理**:僕人領袖會先從自己追隨者的觀點看事情。通常,為了更有效率地處理追隨者的需求,僕人領袖會先理解、承認追隨者的經歷。美國隊長羅傑斯非常在意他的追隨者,在邀請山姆‧威爾森（Sam Wilson）加入他的陣營之前,他還先與威爾森確認他願不願意穿上獵鷹制服,因為羅傑斯知道威爾森的經歷,也理解再次穿上獵鷹制服的代價。

3. **撫慰人心**:僕人領袖會在意追隨者的身心健康。許多僕人領袖會致力於幫助追隨者解決他們個人的問題,有一些事情甚至超出了工作範疇。巴奇‧巴恩斯（Bucky Barnes）被洗腦變成酷寒戰士

（Winter Soldier）以後，羅傑斯為了治癒他的朋友而拼盡全力，為巴恩斯在瓦干達找到一個容身之處，讓他可以治癒自己的創傷經歷。

4. **覺察**：僕人領袖對自己所處的環境，包含物質空間、社交環境，以及文化中的內部政治情形有敏銳的覺察力。從「電梯戰」就可以證明，羅傑斯能察覺到氣氛的變化，因為當他走進一部電梯時，原先以為都是自己的朋友，但很快他就察覺到全是反派組織「九頭蛇」特工。

5. **說服力**：說服是溝通時能從一而終、專注在幫助對方做出改變。羅傑斯致力於幫助朋友巴恩斯改變自己。即使同隊的英雄夥伴反對，他幫助朋友巴恩斯的心也未曾動搖。羅傑斯不屈不撓，也知道自己必須說服其他人同意他的想法。

6. **有先見之明**：先見之明是指領導者能根據現況，識別未來會發生的事情的能力。由於征戰沙場的經驗豐富，美國隊長知道敵人何時準備挑起事端。他在電梯裡與臥底的九頭蛇特工對戰的例子，能展現他對戰鬥非常敏銳。羅傑斯在搭電梯離開神盾局的時候，看到一群剛剛與他發生言語衝突的神盾局特工走進來，他起了疑心，接著發覺自己必須準備戰鬥，因為不能相信這些人。一個好的領導者，就會有這樣的先知先覺。

7. **概念化**：概念化（conceptualization）是領導者為一個組織制定出理念與任務的過程。美國隊長的概念化能力，或能為組織創造願景的能力，展現在紐約之戰中的領導力。羅傑斯開始發號施令時，他能指出每一位復仇者該做的事。美國隊長知道該如何組織

不同程度的隊員，在一個碩大的戰場中打一場勝仗。為復仇者聯盟創造出一個清楚計畫的人是美國隊長，最終也贏得勝利。

8. **管家精神**：管家精神（stewardship）是領導者管理民眾與組織的責任感，美國隊長的核心議題便是他能如何實踐自己的理念。在第一部《復仇者聯盟》電影裡，美國隊長就非常重視他「人民保護者」的角色，從解救第 107 步兵隊，到成為復仇者聯盟的領導者，美國隊長總是將自己的隊員放在第一位。即便在內戰時期，他也是基於這個服務組織的管家精神，建立了自己的復仇者陣營。

9. **為民眾的成長著想**：僕人領袖致力於將自己的追隨者當作獨特的個體，並幫助他們發展自己的能力。美國隊長對他的復仇者聯盟成員也是一樣。羅傑斯與娜塔莎·羅曼諾夫（黑寡婦）共事時，他將重點放在羅曼諾夫進步的能力。跟著山姆·威爾森一起跑步時，即使兩人還不是朋友，羅傑斯也不斷激勵威爾森要表現更好。羅傑斯與其他復仇者的關係中，也圍繞在同樣的主題上。他鼓勵黑寡婦放下復仇之心，幫助汪達·馬克希莫夫（Wanda Maximoff，緋紅女巫）與幻視改過向善。羅傑斯的意志超越組織，而是為人民服務。

10. **創造社群**：僕人領袖不只是致力於創造個人發展，也致力於創造願意超越自我的社會團體。羅傑斯對復仇者聯盟的責任感，為他創造一個社會團體，而這個團體無論是為了對抗《蘇科維亞協議》（Sokovia Accords），因此成立復仇者的新派系陣營，還是與薩諾斯在遙遠的國度對戰，都願意追隨他。羅傑斯相信自己的團隊會在他最需要的時刻支持他。

　　這 10 種特質完整描寫僕人領袖的特徵。讓我們比較一下羅傑斯的僕人領導精神，與破壞之神洛基、薩諾斯的自戀式領導方法。洛基獲得齊塔瑞星軍隊後的第一個目標，便是征服人類並將他們變成奴隸。洛基的目的是剝奪其追隨者的權力；而僕人領袖如史蒂夫・羅傑斯，卻是思考如何賦予權力。

　　薩諾斯或許不像洛基那麼極端，想奴役人類，但他只在意達成自己對未來的理念，絲毫不在意這對人民的代價。羅傑斯會為了士兵同袍，用肉身擋住手榴彈，薩諾斯則選擇犧牲養女葛摩菈，只為了一個達成目標的機會。薩諾斯體現有毒領導者（toxic leader）的特徵，他是一個會為達成目的而無不用其極的領導者（Milosevic et al., 2020）。為了達成目的，薩諾斯的追隨者往往會被犧牲，相較之下，羅傑斯總是會為了保護別人而第一個陷入危險。

　　許多組織的領導者都會試圖幫助其追隨者提升工作效率。當你考慮採取僕人領導策略，可以思考自己能如何依照這些特徵進行。試著回憶自己是否遇過擁有上述這些特質的領導者？或許是公司的執行長，或是部門主管，甚至連同儕都有可能展現僕人領導特質。如果追隨者知道領導者能夠設身處地為自己著想，這會讓追隨者更忠誠。

有人會追隨一位僕人嗎？

　　一般對領導力的假設之一，就是民眾會追隨強大的領導者，那些會利用命令與管制領導方式的人。當我們想像一位領導者時，不一定會想到服務我們的人，而是會想到一位愛命令我們的人。這是為什麼美國隊長作為僕人領袖的例子這麼有趣。史蒂夫・羅傑斯受到的訓練

就是命令與管制的軍事領導方式，但他仍堅持僕人領導的精神，美國隊長之所以是一位成功的僕人領袖，是因為他的追隨者願意聽他的話。我們可以從美國隊長的例子去理解，為何人民願意因為他的僕人領導行為而去追隨他。

萊登（Liden）等人 2014 年發表了一套僕人領導模型，其中包括了許多重要的僕人領導行為。這些行為與前述史賓賽（2002）討論的特質有些重疊。但關鍵的差異在於僕人領導行為包括：行為必須符合道德規範，以追隨者為優先，賦予權力，以及為社群創造價值。以下是美國隊長如何表現出僕人領導行為的方式。

首先，美國隊長從來不要求其追隨者或隊友去做自己不會去做的事。若要赴湯蹈火，美國隊長一定衝第一。在《復仇者聯盟：終局之戰》的事件中，美國隊長加入史塔克與班納一起穿越時空，在薩諾斯利用無限手套讓自己的能力達到巔峰時，美國隊長也敢挺身對抗他。他為隊友們爭取時間參戰，他從不讓別人冒險犯難，也會避免去負責做他討厭的事情。美國隊長的行為符合僕人領導的基本原則：為別人優先考量。

第二，美國隊長的追隨者認知到，他會為了他們的福祉盡一切努力。羅傑斯的行為至始至終都在表達，他關心、在意每一位團隊成員。在第一個復仇者聯盟任務中，他會一直注意班納可能變身成浩克的時候。你如果跟羅傑斯同一隊，你會知道他永遠支持你。羅傑斯放下一切衝去阻止黑豹傷害巴奇·巴恩斯的行為，向羅傑斯的其他隊員，如娜塔莎·羅曼諾夫和山姆·威爾森證明自己會永遠在他們需要的時候出現。羅傑斯能成功贏得羅曼諾夫的信賴，特別不簡單，因為她對機

構和團隊始終表現出懷疑的態度。在羅曼諾夫的間諜世界裡隨時會見風轉舵，她對羅傑斯的忠誠，顯示這位僕人領袖的實力。

美國隊長之所以能體現僕人領導力，一部分是因為他的真誠。如第七章所述，真誠領導者是一個會讓追隨者表現真正自我的領導者（van Dierendonck & Nuijten, 2011）。真誠性與僕人領導往往相互有關。真誠的僕人領袖通常比較有效率。從許多方面來說，這就是美國隊長最強的能力，因為你一定知道自己與羅傑斯能保持什麼關係：只要跟他站在同一陣線，他永遠願意為你服務。

美國隊長對其他人的情緒非常敏銳，更是凸顯他的僕人領導力。他將巴恩斯送去瓦干達接受治療，修復他的心理創傷與機械手臂，為的就是要保護他。即使在逃亡，羅傑斯身為美國隊長的理想性，還有將「為什麼超人類會想要當復仇者」這個真正任務概念化的能力，讓他的追隨者願意留在他的身邊。

僕人領導學中，其中一個核心要件是道德行為。在所有復仇者之中，羅傑斯是最能代表「追求他認為是對的事情」的那位英雄人物。他所謂的道德規範是指，他會依照自己的原則做出選擇，即使他受到的軍事訓練要求他要順從，美國隊長永遠會去做他相信是對的事情。在第一場冒險中，羅傑斯反抗長官的命令，衝去解救第 107 部隊的同袍。羅傑斯能分辨什麼是對的事情，即使他與其他人意見分歧，也會確保自己當美國隊長時要言行一致。

最後，這代表美國隊長具體體現僕人領導的行為。他的理想化，以及為自己的道德觀身體力行，讓追隨者感到安心，同意即使赴湯蹈火也要追隨他。美國隊長體現了萊登等人（Liden et al., 2014）關

於僕人領導行為的描述。研究指出，有效的僕人領袖可以有效帶領團隊（Sousa & Van Dierendonck, 2016）以及組織（de Waal & Sivro, 2012）。如果你想要尋找能讓組織更有效率的方法，或許可以參考僕人領導的概念。

一位僕人能改變世界嗎？

大部分的領導理論會著重幫助組織更有效率地運行，也特別注重組織能力以及改善員工產能。換句話說，領導者是否能讓組織裡的環境以及內部員工的生活更好？然而，僕人領導理論也會去理解領導者對社會的影響力。當我們想到超級英雄的時候，經常會想到擁有不可思議的能力、能夠改變世界的個人。僕人領導理論便假設領導者能夠改變世界，而羅傑斯就是一個能夠改變世界的領導者典範。

在二次世界大戰中，作為象徵性人物的美國隊長不只在前線服役，也在家鄉協助促使反納粹運動。他的理想主義透過新聞片段與他顯赫的戰功不斷傳播。當美國隊長從被冰封的狀態回來以後，他帶領復仇者聯盟——世界第一個由超級英雄組成的團隊，再次改變世界。

為了阻止反派組織「九頭蛇」，在二戰中犧牲自己的美國隊長，其印象仍繼續激勵許多人。尼克·福瑞（Nick Fury）與柯森特工提出建立復仇者聯盟動議的靈感來源，就是羅傑斯。僕人領袖可以是同隊隊友的標竿，其影響力比想像中更長遠。羅傑斯結合了真誠領導與僕人領導精神，讓他的追隨者看到，他是一位會堅守信念、永遠為他們著想的領導者。對於一些比較憤世忌俗的人，像是黑寡婦和鷹眼，羅傑斯由於這兩種特質，在他們心中也是非常強大的形象。就連一些

大人物，像是古一（the Ancient One）也信任羅傑斯。當羅傑斯要求古一交出時間寶石，雖然有些猶豫，她最後還是交給了他。因為知道他會為別人服務，領導時也非常真誠，羅傑斯成了連神一般的物種都願意信任的人。

回想自己職場中的經驗，身為組織的員工，你可能從身旁領導者的服務精神，深受感動與激勵。一位領導者或許曾在你需要的時候提供心靈上的支持，或是提供一個學習機會，讓你能持續成長。研究顯示，那些採取僕人領導行為的領導者，可以為員工的工作經驗提供正面的影響力（Guillaume et al., 2013）。領導者的行為能影響同事或下屬的職場經驗，如果能提供心理上的支持，或是真誠聆聽同事或追隨者，能讓他們每天的工作體驗有非常大的差別。你或許無法成為美國隊長那樣象徵性的人物，但你在職場的行為可以成為員工非常需要的寬慰。

成為僕人領袖的障礙之一是一種常見的思維：認為領導者的地位是在追隨者或下屬之上。如果你在考慮採取僕人領導方式，以培養自己的領導力，最好先檢討自己能為團隊帶來什麼。羅傑斯從未猶豫為他人服務，因為這是他熱愛的事情，也是他領導的方式。美國隊長知道，無論情況如何，他總是會找到方式做對的事情。

重點摘要

　　領導者能做的不只是發號施令，他們能支持自己的追隨者。在本章裡，我們討論了僕人領袖的一些特質，並以《美國隊長》與《復仇者聯盟》的電影作為範例。領導者能透過傾聽以及散發同理心的行為，為追隨者提供心理上的支持。領導者與實踐領導行為的人，可以透過致力於幫助同事的個人成長與幸福，為他們創造更好的工作環境。

　　說服力也是僕人領袖的關鍵特質，他們要有能力說服別人按照他們的想法做事才能領導。追隨者則需要僕人領袖對不同程度的環境（生理、心理、政治）有強烈的意識，才能為追隨者與自己做出有效的決策。有效且有先見之明的僕人領袖，能向追隨者清楚描述組織的未來願景。

　　僕人領袖也必須維持很高的道德規範，以維持對追隨者的真誠性。能夠維持道德標準，並且在組織績效與員工福祉之間找到平衡的僕人領袖，是最有效的領導者。

　　最後一段中，我們討論了僕人領袖的影響力。與其它領導理論不同，僕人領導理論認為，領導者的影響力能擴展到世界上，而不是僅侷限在經營組織以內的影響力。透過賦予員工權力，善待員工，與他們一起走在修復的過程，僕人領袖能幫助這些員工達成更多成就。這種如管家般的過程，能對僕人領袖周圍的社群發揮影響力。

　　僕人領袖必須仔細思考自己的操行。如果不注意，僕人領袖容易看起來像微觀管理者（micromanagers），變得過度關心員工的所有行為。有效的僕人領袖知道如何平衡對追隨者的關心、他們的組織以及社群，才能最具有影響力。

復仇者集合：為共同目標打造你的團隊

　　漫威電影宇宙最早出現的連結點之一，是尼克・福瑞（Nick Fury）跟超級英雄對話、試圖徵召他們加入「復仇者計畫」（Avengers Initiative）的時候。一開始，這只是《鋼鐵人》電影裡最後出現的小彩蛋，向粉絲預告之後幾部電影可能會出現的劇情（Wetzel & Wetzel, 2020）。當然，由於福瑞的行動，計畫規模變得更大，最後創造出復仇者聯盟。

　　為組織的目標打造適當的團隊，對任何組織而言都非常重要。領導者在過程中的許多階段，都能扮演非常重要的角色。如電影裡所見，福瑞積極徵召超級英雄加入復仇者聯盟，他必須篩選哪些超級英雄適合加入復仇者團隊。最後，福瑞也需要讓這個組織團結一致，若有英雄要離開，團隊表現將無法達到最佳狀態，甚至難以運作（後面幾部電影裡可以看到這點）。每一個任務絕非易事，因為每一位復仇者都擁有獨特、鮮明的個性，對團隊有著不同的需求與要求。

　　本章中我們會討論，在組織裡號召一個團隊時，領導者能如何扮演重要的角色。我們會利用經典的人力資源分析的「吸引—選擇—留任」模型（Schneider et al., 1995），描寫領導者能如何影響那些想要加入團隊的人、被邀請加入的人，以及最後決心留下來的人。我們

會觀察復仇者聯盟的召集過程，以及 X 教授與萬磁王如何號召自己的團隊。

讓隊友接受英雄召集令

為了組成一個團隊，領導者與組織必須召募相關人士，引起他們對團隊的興趣。這是「吸引—選擇—留任」模型裡的「吸引」（attraction）步驟（Schneider et al., 1995）。特定的組織要怎麼吸引人呢？其中一個重點在於「個人與組織契合度」（P-O fit），也就是觀察一個人的特質、價值觀與目標，與組織本身的相符的程度（Kristof, 1996）。當一個人覺得自己在這些方面與組織有類似觀點，加入這個組織的吸引力就會比較大。個人與組織的契合度也可能與個人目標有關聯，如果個人覺得組織能幫助自己達成目標，這個組織也會比較吸引他。一個組織的特質，往往是被組織的創建人與主要領導者形塑，所以他們基本上就是在為這些變數打下基礎，以吸引擁有類似特質的人（Schneider et al., 1995）。

在漫威電影裡，在這方面可以看到許多領導者的範例。如前一章所述，X 教授與萬磁王在召募變種人時提供不同的吸引力。X 教授可能更在意如何控制自己的能力，以及如何幫助人類。萬磁王則比較可能會談論，變種人如何利用超能力獲得更多力量，目標是讓變種人主宰非變種人類的世界。對擁有變種能力的個人，其中一方的言論更吸引人，因此他們會被吸引加入 X 教授或萬磁王的團隊。在《X 戰警 2》裡，我們看到火人的例子：他去了 X 教授的學院，卻認為萬磁王的想法更吸引人，因此他辭去 X 戰警，決定加入變種人兄弟會。

復仇者聯盟在召募成員時，提供了這個「吸引」步驟的許多例子。福瑞為秘密組織（神盾局）工作，復仇者聯盟則是新的點子。所以跟他說話的人，不太可能對這兩個組織存在什麼既定的印象，甚至不知道這些組織是什麼。因此福瑞必須為遇到的超級英雄，介紹這兩種組織，並幫助他們理解為什麼這個組織對個人會有吸引力。福瑞利用了史塔克想讓世界變得更好的欲望，也幫助史塔克處理心臟病的問題。布魯斯‧班納加入時，吸引福瑞的是班納（能提供）的科學知識與價值，而不是因為他能變身成浩克（班納認為這是一種詛咒而不是什麼好處）。福瑞將新的復仇者聯盟塑造成一個能接下別人做不到的任務、幫助世界的組織，因此，他提供了一個大家都能支持的重要使命。

作為領導者，你通常會對那些讓團隊或組織有吸引力的事情產生影響。你有大家都關心的使命嗎？你的公司擁有有意義的價值觀嗎？組織能如何幫助成員達成他們的個人目標？這些因素加在一起，能使個人與組織的契合度更高，也能為組織吸引相關人士。當然，也必須說到做到。如果組織看似擁有吸引人的部分，實際上卻沒有，久而久之就會失去這些人才。關於這點，我們在之後的「留任」段落中會討論。如福瑞的例子來看，相關人士或許根本不熟悉你的組織或組織在做什麼，所以領導者在分享這些知識上扮演著重要角色。

選擇適合的英雄

許多情況下，組織必須從多位候選者中，為一個職位篩選出適當人選。一個團隊同時需要蟻人（Ant-man）和黃蜂女（the Wasp）嗎？只需要其中一位？還是他們的能力都與這個職位沒有關聯？領導

者通常會參與決定團隊或組織需要哪些職位，最終也是篩選哪一位候選者最適合這份工作的人。「吸引—選擇—留任」模型裡的「選擇」（selection）步驟（Schneider et al., 1995），即是在描述組織選才，以及求職者決定組織是否適合他們的過程。

雖然組織需要不同技能的人才，以滿足不同的職位，組織一般都會希望在每一位員工身上看到特定的特質與價值觀。想想看你過去曾看過的徵才資訊，你是否看過組織公告，說他們要找有「團隊精神」或能「跳出框架」，或是「大膽」的人才？這些都是個性上的特徵，或是組織會說他們希望員工擁有的價值觀。如果這些特質會影響誰會被採用，久而久之，組織裡越來越多的員工會有相似的特質。

所以，組織該如何選用適合的人才？透過綜觀多項相關研究的統合分析法，施密特（Schmidt）與杭特（Hunter）在 1998 年發現，最有用的選才方式是透過工作模擬測驗、結構化面試，以及智力測驗。工作模擬測驗（work sample tests）是讓一個人去做工作中會進行的事項，以復仇者而言，這可能是去打敗超級反派（也可以用類似 X 戰警的「危機室」模擬情形代替）。在結構化面試裡，每一位職位候選者都會被問相同的、與職務相關的問題，比起面試官愛問什麼就問什麼的非結構面試相比，這種結構化面試的結果更真實有效。雖然非結構面試中，面試者可能覺得自己如果對每一位人選都提出獨特的問題，能夠更進一步認識他，但研究顯示這只會導致偏見，也無法比對不同的求職者。

智力水準足夠的人，學習技能較快，工作表現也較好，因此智力能作為工作成效的預測因子，也是預料中的事。看看復仇者聯盟這樣

的團隊，你會發現裡面有不少智商特別高的人，像是東尼・史塔克與布魯斯・班納。當我們觀察漫威電影時，可以看到這些選角過程有一些缺失，對於誰最適合加入復仇者聯盟這樣的團隊，我們看不到一貫的評估方式。《鋼鐵人2》裡甚至直接明顯指出，史塔克其實因為他的個性，一開始沒能入選復仇者聯盟。

先不管這個測試適不適合這份工作，福瑞依然讓他加入復仇者聯盟本身就是一種警訊。如果我們不覺得測試有用（或者根本無法證明有效）就應該停止使用它，而不是按照自己的感覺選出例外。每個復仇者聯盟的成員都有獨特的能力，但這不代表選用人才不應該有清楚的基準。神盾局本身似乎就有選人的問題，這個組織的瓦解全因為有太多反派的「九頭蛇」特工成功被錄用，最後推翻這些組織。他們真的需要更好的篩選標準與測試，才能過濾掉這麼不適合的求職者！

X教授選用人才的標準似乎就比較明確，但表面之下仍是暗潮洶湧。澤維爾天賦教育學院（X學院）招生的基本標準就是要有變種人的能力。所以不是變種人就不用申請入學。然而，看來X教授也不是任何變種人都會選，鬍子長得快不是什麼厲害的變種人能力，足以讓你申請上這間學校。要被邀請，你必須有某程度的能力，或是某程度的變種困擾。

X戰警團隊本身成員數量也會有所限制。你的變種能力必須達到高水準，才能打敗壞人。對於選用標準，《X戰警》系列電影沒有提供明確的提示，也有些時候只要有人出現（像是金剛狼）就會自動被選入這個團隊。這不是判斷此人適不適合這個工作的方法啊！

要注意的是，選用人才是雙向的關係，組織可能開出錄取通知，

但求職者也有可能拒絕。一個組織可以有許多求職者，求職者也同樣有許多不同的工作機會。對選用人才過程的看法也有關係，如果求職者認為面試過程公平，也有正面的看法，他們對組織的印象也比較正面，更容易接受錄取通知書（Hausknecht et al,. 2004）。面試與模擬測驗被大家視為最好的篩選方式。

　　身為領導者，影響這個選用過程有許多重要的方法。領導者一般也能影響選才方式，我們會推薦你幫助組織，採用我們討論過的有效方式（並確保這些方法在你的環境裡是合法的）。你也需要認真使用這些方法，利用這些資訊做出決策。如果你從未考慮到選用人才時，要利用這些人的結構化面試或工作模擬測驗結果作為評斷的參考，組織裡的其他人也有可能跟著你這麼做。你也需要確保選才過程，能讓面試者有正面的印象，否則你可能會失去好的人才。在「吸引」部分討論到的內容在這裡也適用，那些認為自己與組織的價值觀和目標非常相近的人，也更可能接受該組織的職位錄取通知。在制定這些目標以及展現這些價值上，身為領導者的你，扮演非常重要的角色。

我不幹了！當英雄離開團隊時

　　每個組織都會有人總有一天會離開。這是「吸引—選擇—留任」模型（Schneider et al., 1995）裡的「留任」（attrition）步驟，也是成員因為覺得自己不適合組織（或是因為他們的言行不符合組織的價值與目標因此遭到解僱），而選擇離開的時候（又稱為「離職率」）。離職率對組織來說是個非常需要面對的實際問題，研究顯示離職率高與組織內部工作效率低有關，尤其是如果是員工自願離職而不是被開

除（Park & Shaw, 2013）。人員離開，尤其高績效員工，可能造成組織不小的傷害。

我們常聽到員工會因為老闆差勁而離職，其實有研究證實若員工滿意主管，預測的離職率也會較低，但是這個預測因子相較於其他因素，如工作滿意度與組織承諾，與選擇離職的相關性較低（Griffeth, et al., 2000）。因此，有好的領導者會有幫助，但如果一個員工對工作本身感到不滿足，或無法專注在工作上，組織很難留用他。有些研究認為，好的領導力甚至可能導致一些人選擇離開一個組織，因為領導者為他們提供非常強的專業能力培訓，使得別的公司更想錄用這些人（Raghuram et al., 2017），但在這種情況下，離職的人也會對組織抱持友好態度，因此會向別人推薦這個組織。如果領導者試圖挽留這名員工，這個效果會更強烈。因此，對於說服員工留在組織裡、讓他們有歸屬感，領導者扮演著非常重要的角色。

如《X戰警》系列電影中，金鋼狼總是對於自己是X戰警或團隊的一員有衝突感。或許可以看作是他覺得自己與X戰警的「個人與組織契合度」不足，因為其他人感覺比較俐落、願意遵守遊戲規則。他試圖退出，或是多次拒絕承認自己是X戰警的一員。讓金剛狼看到自己能與團隊契合，以及他的價值觀實際上與X戰警相符，這點X教授功不可沒。與金鋼狼相處的歷程中，X教授建立了他與團隊的連結感，最終金鋼狼成為團隊非常忠誠的一員，願意為了幫助團隊的目標做出重大的犧牲。

福瑞也試圖留住復仇者聯盟的成員。在《復仇者聯盟》電影裡，當團隊前幾次與破壞之神洛基對戰時，團隊意見分歧的情況加劇，每

個人都想辭職、分道揚鑣。此時，他們的領導者福瑞，提醒團隊彼此的重要性，只有他們才能完成這項任務。他讓他們看見彼此相同的價值觀，而非迥異的個人特質，於是，福瑞幫助團隊團結一致。好的領導者，會幫助人們看到自己在組織裡的位置，以及為什麼這是自己該留下來的地方。

重點摘要

　　要組成一個願意配合的團隊，領導者扮演重要的角色。領導者的行為必須是刻意、小心的，才能組成適當的團隊，也才能做到讓這個團隊團結起來的事情。

　　我們透過「吸引—選擇—留任」模型裡的幾個步驟，檢視該怎麼做才能讓人對組織有興趣、被選入組織裡，以及最後可能離開組織。領導者在這三個階段都是至關重要的存在。

　　第一階段的「吸引」與組織召募人才有關。要怎麼引起人們對組織的興趣，想要成為組織的一員呢？一個重要因素是「個人與組織契合度」，一個人覺得自己的特質與目標，與組織相符的程度。領導者能幫助形塑組織的目標與特質，這些會成為吸引求職者的要素，領導者也經常是這些價值與目標的模範與溝通者。你要成為能展現這些價值與目標的領導者，因為只會發薪水不足以長期留用人才。

　　第二階段的「選擇」是在決定我們想要什麼樣的人，成為組織的一員。如果我們的形象與目標吸引人，就有可能吸引到比職缺還多的求職者。要如何決定誰最適合做這個工作呢？我們指出工作的模擬測試、結構化面試，以及智力測驗是一個人是否能勝任工作的最佳預測因子。身為領導者，我們要鼓勵使用這些選才方法。我們也要理解，這個選擇的過程是雙向的，因為最佳人選一定會有選擇，可以去為別的組織或其它超級英雄團隊效力。如

果我們要金剛狼站在我們這一邊，我們要向他清楚溝通爲什麼他應該是 X 戰警的一員，而不是成爲一位復仇者。身爲領導者，我們的工作是說服他。

　　第三階段的「留任」，事實上就是組織裡總有人員離開的時候。人員離開會傷害我們的組織效能，發生的原因可能是員工認爲契合度不足。身爲領導者，我們必須支持下屬，提醒他們爲什麼這個組織適合他們。我們不希望高績效成員離開去加入變種人兄弟會，或者更慘：加入主要競爭者的陣營！

　　身爲領導者，我們在選用人才的過程扮演重要角色。我們要確保自己的領導力用在對的地方：找到對的人、說服他們加入團隊，還有無論是對抗奧創（Ultron）還是處理麻煩的客戶時，在困難的時刻也要團結起來。

　　只要理解何時使用，以及如何使用這些能力，我們的領導力能夠拯救世界。我們的最後一章將彙整前幾章的內容，幫助你轉危爲安。

如何像超級英雄一樣領導：善用領導力的 11 個重點

　　每一部超級英雄電影終究有結束的時候，而好電影總是能讓人感到興奮，期待接下來的劇情發展。本章的目的也是一樣。之前的章節裡，我們使用許多漫威電影中的例子介紹以研究為基礎的概念，幫助你成為優秀的領導者。這個世界需要更多、更好的領導者，而我們都能以領導者的身分進步，並且影響這個世界。希望本書的知識與觀察，能幫助你成為自己組織或團體所需的超級英雄領袖。

　　在這最後一章裡，我們會協助整理學習重點，並且提供接下來可以直接採取的行動。之前的每一章裡，我們提供了漫威電影宇宙的例子作為學習借鑒，也討論了有研究基礎的概念。而在這一章，我們提供了濃縮的摘要，並將重點放在該如何實際應用所學的知識。我們將各章強調的幾個實用重點分別做成摘要，並為每一份摘要下一個標題，以加強主要概念。以下是我們的 11 個建議，告訴你在當下及未來該如何應用你的領導力。

1. 領導者必須知道自己的能力，以及如何使用它

如在第 2 章所討論，組織若要有效運作，必須維持健康的領導梯隊。領導者無法永遠大權在握，要讓組織繼續運作，就必須培養新的領導人才。一個組織必須能在組織中主動召募、篩選，以及提拔領導者。組織應該將領導者轉換視為一個有助於決定組織未來的重要事務，並透過挑選、提拔適當的領導者，組織能確保其未來的成功。

組織可以先開始從組織內、外召募一個潛在領導者的人才庫。尋找領導人才時，同儕推舉、專業社群與社群媒體都能用來擴展這個人才庫。你可以利用領導能力量表等客觀的工具，從這個人才庫評估並選出有潛力的領導者，同時透過監控潛在領導者的領導職能，維持組織的領導梯隊。

在領導的職位時，你應該考慮自己可以利用哪些權力來源。有人追隨你，是因為他們喜歡你嗎？他們追隨你，是因為你擁有的資訊或是特殊專長嗎？他們追隨你，是因為你的職位，還是你可能會提供的獎賞？還是，你是強迫別人追隨你？理解自己的權力來源，能幫助你維持並培養領導者這個角色。好的領導者知道自己擁有多少權力，以及該如何利用它。

2. 在許多情況下，共享領導是最佳解答

如在第 3 章所述，團隊有時候要學習如何與彼此共享領導力。雖然我們總是想像團隊需要的是一位被指定、能獨當一面的領導者，然而研究顯示，使用共享式領導的團隊，與傳統階層式領導方式一樣有

效。一個強健的團隊，可以利用每一位成員的才能，尤其是領導能力。

　　你的團隊在採取共享式領導之前，要確保團隊本身有將自己視為一個團隊，成員也能保持穩定。同時強調你和你的團隊所做工作必須相互依賴，確定團隊成員知道，他們需要彼此才能把工作完成。在共享式領導環境當領導者，你應該同時注重任務導向以及關係導向的行為。好的領導者會為團隊劃清界線、制定目標，並且管理團隊成員之間的人際關係。

　　一個擁有強健共享式領導的團隊，通常在各式工作狀態下適應力非常強。累積團隊成員各自的職能，隊員之間輪流擔任領導角色，就能建立一個有彈性的團隊，有能力應付組織內部與外部的工作。共享式的領導者知道，若自己的能力符合情況所需，總有機會當領導者。領導機會可不嫌少！

3. 好的導師促進好的領導力

　　如第 4 章所述，導生制度能提供領導者與他們的徒弟所需要的幫助。將導師與徒弟相互配對的導生制度，是培養下一代領導者的有效方法。導師能提供徒弟他的觀點與指引，而徒弟能協助導師瞭解組織內部發生的事，好的領導者需要與其徒弟發展有效率的導生關係。

　　尋找導師的時候，徒弟需要找一位他覺得能提供最佳指引的導師。你要找一位知道你想要什麼，也能帶領你走在正確的職涯道路上的導師。當導師的時候，要準備好與正在追尋你能提供的知識的徒弟，分享你的知識。人口特徵或許是有吸引力的導生配對方式，但是導師能

教、徒弟想學，才是配對時要注意的最重要特徵。

　　尋找個人導師可能有一點難，所以你也可以從同儕之間，或是一個群組裡尋找導師。透過同儕輔導，與你擁有許多相似之處的人也可以提供深刻的洞察力。團體輔導能提供單一導師所無法提供的豐富知識。最終，任何導生關係都是為了職涯目標創造一個共同的願景。無論是個別導師、同儕輔導，或是團體輔導，培養共同願景能對你的組織有益，也能改善工作表現。

4. 衝突能幫我們做出更好的決定，但針對個人就不行

　　在第 5 章裡，我們討論到各種情況都可能發生衝突，而領導者需要未雨綢繆。盡量避免衝突乃人之常情，但研究顯示有些時候衝突是好事。衝突能幫助我們分享不同的觀點，或許能幫助我們找到更好的解決方式，透過分享、意見分歧，我們都在獲得更多可能改善情況的資訊。好的領導者需要協助促進這種有益的衝突，為了達成組織的目標，鼓勵大家分享不同的意見與視角。

　　但是在某些情況下，領導者需要減少衝突的發生：當衝突針對個人，或是會傷害到對成員之間的關係時。當爭論的事情變成是關於個人的價值觀和個性時，這樣的衝突會造成不利影響。身為領導者，你要引導大家遠離這種個人紛爭，確保大家專注在任務方面的衝突，而非人與人之間的衝突。

　　有衝突發生時，領導者需要協助解決紛爭，引導團隊找出解決方案。協作是解決衝突的最佳方式，因為雙方必須真正理解意見分歧的

點，以及別人實際想要、需要的是什麼。這層理解能讓解決方法滿足每個人的需求，而不是只是從中間分成兩半，或是選一方的論點當做是「正確」的。好的領導者應該致力於幫助大家協作，確保衝突不會干擾到團隊的人際關係。

5. 想辦法幫追隨者減少壓力，不只有反應性策略

在第 6 章裡，我們討論到領導者可能對追隨者造成不少壓力，原因或許是領導者的行為，又或者是對壓力事件的反應。領導者需要努力減少追隨者的壓力，並確保壓力不會造成他們做出負面的行為。

自我照顧對領導者很重要。壓力會影響每個人，若壓力和危機讓我們不知所措，我們沒有辦法當好領導者，必須承認壓力的存在，採取行動減少這個問題。我們處理壓力的方式太常仰賴反應性的策略，像是工作得更久，或是依賴咖啡因讓我們繼續埋頭苦幹。我們需要花更多時間培養主動策略，累積處理壓力的技能，像是改善時間管理能力與放鬆技巧。最重要的是，我們需要採取行動，利用促使啟發策略消除壓力來源。重新設計工作（例如允許遠端工作）或改變環境（像是搬到職場附近），有時感覺需要花費更多時間與力氣，但其實影響力最大，也最能減少或移除壓力來源。真正解決壓力的方式需要花時間，但對我們的幫助最大。

領導者需要幫助其追隨者處理壓力，並協助減輕壓力，也需要準備處理可能會發生的問題與壓力。處理危機最好的方式就是先做好準備，預想可能發生的事情，先做好規劃。面對危機或高壓情形時，好的領導者會用清楚、透明的方式溝通，領導者必須成為榜樣，展現冷

靜的姿態專注在處理狀況。身為領導者，你要試圖減少會影響追隨者的壓力來源，並且為了可能發生的負面情況，先做好處置計畫。

6. 心態真誠能帶出最好的領導力

在第 7 章裡，我們討論到若要當最好的領導者，我們要有自我意識。好的領導者知道自己的強項、弱點與偏好。這不是東尼‧史塔克的強項，因為他對於自己想成為什麼樣的人缺乏自我意識。自我意識可能很難形成，因為我們通常會反抗接收負面資訊，尤其如果這件事與我們的自我認同有重要關聯。只有透過努力與自省，我們才能更有自我意識。

擁有自我意識的人，在展現自我的行為上能表現得更真誠。表現真誠有益自己的身心健全，也能幫助我們與別人建立更好的關係。當我們有所保留，或試著按照別人的想法行事，我們的表現會更差。要做得更好，就必須要真誠。

真誠領導的概念來自真誠性，並著重在如何當一個好的領導者。真誠的領導者會促進追隨者的自我意識，並創造每個人都能成長的環境。真誠領導者會幫助別人也變真誠，於是成為最佳版本的自己。因此，真誠領導能幫助你的團隊表現更好，行事作風也更能符合隊友們真正的喜好與個性。

7. 領導者幫助不同團隊相互合作

如第 8 章所述，領導者不只需要經營自己的團隊，也需要與其它團隊和組織合作。領導者往往在各種社交網絡中工作，包括與同一個組織的不同團隊共事，或是與外部組織談判。領導者必須管理外部環境，才能達成組織的成功。當你成為領導者時，你不只是為自己團隊內部的功能服務，你在團隊以外的地方也能代表並使用領導能力。

領導者在外部的角色是現代領導力的關鍵部分。領導者必須知道自己團隊的願景是什麼，並為此與真實世界談判。我們期望領導者能帶入資源，並且與其它團隊與組織商談對我們有利的條件。若一個領導者能同時管理組織，並且成為該組織的代言人，那是不容小覷的能力。身為領導者，你能在組織內部創造願景並實施計畫，但是當內部的工作完成以後，真正的領導者知道如何向外部世界展現這樣的願景。

要培養這些外部領導能力，只需專注在自己成為領導者的經驗。為自己的經驗與限制自省，試著思考要如何為組織創造一個願景，而這個願景不只包含組織內部該做的事，也包括外部利害關係人該做的事。好的領導者知道如何管理內部與外部的關係，知道如何在團隊內外運用權力的領導者，才能真正地成功！

8. 領導者幫助追隨者理解世界

在第 9 章裡，我們描述領導者在幫助追隨者解讀事情的發生扮演非常重要的角色。這個世界有時是一個令人感到困惑、模糊的地方。領導者能解釋一件事對組織的意義，追隨者該如何看待這件事，以及

他們該有什麼樣的行為。如果領導者不進行意義建構，追隨者只能自行判斷，造成他們可能產生矛盾的行為。因此，當你身為領導者時，無論團隊是家庭成員、工作同事，還是超級英雄，你的工作是確保大家站在同一陣線，也知道該怎麼做。

領導者幫助其他人從特定視角看世界的角色，也能延伸到追隨者對於身為組織或團隊一部分的認同感。對團體有強烈認同感的人，比較可能願意花費力氣與資源幫助這個團體，如此一來，也更能堅定地支持組織的使命。

身為領導者，你要形塑組織的身分以及在追隨者眼中的形象。如果這個形象不吸引人或沒有意義，大家會選擇離開，去找吸引人且有意義的組織。領導者是溝通組織認同（organization identity）是什麼的人。

組織承諾則是一個人希望留在一個組織裡的程度。一個人為什麼想要留下來有非常多的原因，他們想留下來，可能是因為他們與這個組織有情感上的連結感；可能是因為沒有別處可去；也可能是出於對組織的責任感而選擇留下。好的領導者的行事作風，會讓追隨者對組織的承諾更強烈，更想要留下來。

9. 領導者不分性別

如第 10 章所述，成功的領導者可能是任何性別的人。研究顯示，女性與男性在扮演領導角色時表現水準相等（Gipson et al., 2017）。即便如此，領導職位中仍缺乏女性代表，特別是高階職位。

這可能是因為內隱理論認為，成功的領導者應該要有傳統的男性特質。這是個嚴重的問題，也可能造成有領導潛能的人被排除在領導者角色之外。

身為領導者，我們要確保自己能支持女性領導者，以及那些有領導潛力的人。我們要確保女性領導者有機會繼承，並且不僅是在高風險的危機時刻才能當上領導者。當與女性一起工作、女性領導者更常見的時候，就會有更多女性將自己視為有潛力的領導者，並主動向前站。好的領導者要確保最有領導潛能的人至少能有機會升職，而不是只有擁有那些特質的男性候選者才有機會。為組織裡的領導職位打造清楚的標準，對此也有幫助。

10. 真正的影響力是服務他人

如在第 11 章所述，僕人領袖是協助其下屬工作及成長的領導者。領導者可能在其下屬的發展上扮演一個重要角色。只有下屬成功，領導者才成功，而且只有那些願意專注在幫助下屬的領導者，才會有真正的影響力。

領導者在組織裡擁有非常多的權力。僕人領袖則會將這樣的權力，導向如何幫助下屬做到他們工作所需要的事情。使用僕人領導力的領導者，被認為最能吸引有熱誠的追隨者。身為領導者，你可以示範給下屬看何謂適當的行為，以及迎接挑戰的最佳方式。

關注追隨者的需求，僕人領袖可以創造出一個環境，在那裡，工作效能是最重要的事情，同時也能與下屬維持鞏固的關係。一位好的

僕人領袖知道如何利用團隊成員，賦予他們工作表現所需的一切。僕人領袖會傾聽，並創造一個讓下屬感到安全的環境，讓他們能完成該做的工作。

作為強烈的象徵人物，僕人領袖讓下屬保持工作動力。領導不只是領導者的行為，也包含追隨者的反饋，當追隨者知道你在意他們，他們更有動力完成該做的工作。

11. 好的領導者需要對的團隊

在第 12 章裡，我們強調領導者需要有對的團隊才能成功。在召募與選擇團隊成員上，領導者扮演著關鍵角色，他必須確保團隊成員的需求都被滿足了，否則很可能會失去幫助團隊成功的重要英雄。

領導者往往是幫助組織吸引好人才的重要角色，他們會幫助潛在團隊成員認為該組織非常適合加入。領導者為組織的使命與價值觀定調，潛在團隊成員需要看到團隊的吸引力。

領導者通常需要為了一個職位，從多名候選人中篩選適合的人才。領導者可不能「憑感覺」做決定，他們應該利用有效的篩選工具，像是工作模擬測試與結構化面試。看起來「帥」的超級英雄不代表會是最佳隊員。領導者也需要設定什麼樣的篩選條件是重要的，如果你在忽略篩選工具提供的資訊，你在暗示其他人也可以依樣畫葫蘆。

最後，領導者需要保持與隊員的互動與滿意度。其它章節也討論過這一點，但尤其在組成團隊時至關重要。身為領導者，你要向團隊成員灌輸歸屬感，你的團隊必須團結才能共事，最終才能「拯救」組織。

重點摘要

　　在本書最後一章裡，我們摘要了前幾章的內容，寫出可以付諸行動的心得。在當領導者時，每一堂課都能派上用場。這些課程包括：

1. 領導者必須知道自己的能力，以及如何使用它
2. 在許多情況下，共享領導是最佳解答
3. 好的導師促進好的領導力
4. 衝突能幫我們做出更好的決定，但針對個人就不行
5. 想辦法幫追隨者減少壓力，不只有反應性策略
6. 心態真誠能帶出最好的領導力
7. 領導者幫助不同團隊相互合作
8. 領導者幫助追隨者理解世界
9. 領導者不分性別
10. 真正的影響力是服務他人
11. 好的領導者需要對的團隊

　　就是這樣！感謝你加入我們，一起踏上漫威電影宇宙的領導力之旅。在討論這些電影裡的領導力之後，我們將案例以及有研究佐證的相關概念串連起來，讓你可以應用在自己的領導經驗上。本書強調我們每個人都能做領導者，也能持續精進自己。

　　我們希望你有從本書學到東西，也享受整個閱讀過程。相信在讀這本書時，你也想到了漫威電影裡的其他領導力範例。電影裡確實還有許多這樣的例子，但由於本書篇幅有限，只能提及其

中一些。其實還有許多領導理論與研究，可以從中學到不少知識並且應用在漫威電影裡，可惜，那些現在只能先放著（但大部分好的超級英雄電影都會出續集）。

我們也鼓勵你考慮閱讀其它本「透過大眾文化學習有效領導力」系列叢書（本書原著屬於此系列），因為該書系的書籍能幫助你學習有研究基礎的領導概念，其中有許多獨特概念未能在本書中提及。那些書真的很不錯！

現在請你邁開步伐，成為自己組織需要的超級英雄領袖吧！

致　謝

　　我們在寫這本書時，受到許多人的幫助與啟發。首先，我們想要感謝家人在寫書的過程中，不斷給予的愛與支持。

　　我們要感謝麥可‧烏里克想到要出版「透過大眾文化學習有效領導力」系列叢書的絕妙點子。第一次聽到這想法時，我們立刻就知道這是我們會想閱讀，並且付出綿薄之力的系列書籍。烏里克身為書系編輯，一直大力支持我們，慷慨地分享案例並提供反饋。與他共事非常順利，我們也很幸運能獲得他的幫助。

　　感謝 Emerald 出版社的費歐娜‧艾里森（Fiona Allison），謝謝她支持這本書的提案，她對我們的幫助非常寶貴。我們也想要感謝艾斯瓦拉‧蘇利達（Aiswarya Mahathma Suritha），謝謝她擔任本書的專案編輯，確保我們都能得到所有需要的東西。

　　我們也感謝本書所列出的所有研究人員。他們重要的領導力研究幫助領導者更上一層樓，希望透過本書能對新讀者與新領導者推廣這些研究的知識。我們也要感謝崔維斯‧蘭利（Travis Langley）在他的許多書籍中，將心理學與超級英雄連結起來。

　　我們也要感謝那些打造整個漫威宇宙的各方人士。我們從小看著這些漫畫長大，直到今天也依然喜愛。

　　同時感謝所有參與製作漫威電影的人，以及漫威電影宇宙的創造者，謝謝他們延續漫畫的精神，打造出一個連貫的世界。

　　最後，我們要感謝你，我們的讀者，謝謝你一起踏上這個領導力與漫威電影宇宙之旅！

附　錄

重要章節與相應的電影

章　節	主　題	主要電影
第 1 章　如何看待漫威電影宇宙中的領導力與一般領導力	工業與組織心理學、共享領導力作為一個領導過程	無
第 2 章　誰有權力當領導者？黑豹的領導力傳承	權力來源、領導者轉移與正當性	《黑豹》、《雷神索爾》
第 3 章　雜牌軍團由誰帶領？星際異攻隊中的共享與團隊領導	共享式領導、團隊領導力、團隊	《星際異攻隊》、《星際異攻隊 2》
第 4 章　能力越強，責任越大：蜘蛛人與導師制	導生制度、共享願景	《蜘蛛人：新宇宙》、《蜘蛛人》、《蜘蛛人 2》
第 5 章　領導者如何解決紛爭？	衝突、衝突的創意管理	《復仇者聯盟 2：奧創紀元》
第 6 章　危機與壓力中的領導力：薩諾斯在彈指毀滅世界的高壓中如何領導？	危機領導力、壓力、壓力管理	《復仇者聯盟：終局之戰》、《無敵浩克》
第 7 章　「做自己」的鋼鐵人：領導者的真誠、自我意識與成長	真誠性、真誠領導、自我意識	《復仇者聯盟：終局之戰》、《鋼鐵人》、《鋼鐵人 3》
第 8 章　是否該開放瓦干達？對外關係中的領導角色	外部環境、外部關係、團隊	《黑豹》
第 9 章　我是英雄、X 戰警、變種人或是危險人物？領導力與身分認同	組織承諾、組織認同、意義建構	《鋼鐵人》、《X 戰警：最後戰役》、《X 戰警：未來昔日》
第 10 章　每個故事都從一位（女）英雄開始	女性領導力、領導內隱理論、玻璃天花板／玻璃懸涯	《復仇者聯盟：終局之戰》、《美國隊長》
第 11 章　我可以陪你耗一整天：「僕人領袖」史蒂夫‧羅傑斯	僕人領導	《復仇者聯盟》；《美國隊長：第一位復仇者》
第 12 章　復仇者集合：為共同目標打造你的團隊	召募、甄選	《復仇者聯盟》、《鋼鐵人 2》、《X 戰警》、《X 戰警 2》
第 13 章　如何像超級英雄一樣領導：善用領導力的 11 個重點	實用重點	無

文獻參考

Andrews, J., & Clark, R. (2011). *Peer mentoring works!* Birmingham: Aston University.

Ashforth, B. E. (2016). Exploring identity and identification in organizations: Time for some course corrections. *Journal of Leadership & Organizational Studies*, *23*, 361–373.

Ashforth, B. E. (2020). Identity and identification during and after the pandemic: How might COVID-19 change the research questions we ask? *Journal of Management Studies*, *57*(8), 1763–1766.

Aurthur, K. (2021, April). Kevin Feige on Chloé Zhao's 'Spectacular' approach to 'Eternals' and who the film's 'Lead' character is. *Variety*. Retrieved from https:// variety. com/2021/film/news/kevin-feige-chloe-zhao-eternals-1234962496/

Bergman, J. Z., Rentsch, J. R., Small, E. E., Davenport, S. W., & Bergman, S. M. (2012). The shared leadership process in decision-making teams. *The Journal of Social Psychology*, *152*(1), 17–42.

Black, S. (2013). *Iron Man 3*. New York, NY: Marvel Studios.

Blader, S. L., Patil, S., & Parker, D. J. (2017). Organizational identification and workplace behavior: More than meets the eye. *Research in Organizational Behavior*, *37*, 19–34.

Borden, A., & Fleck, R. (2019). *Captain Marvel*. New York, NY: Marvel Studios.

Bozeman, B., & Feeney, M. K. (2008). Mentor matching: A "goodness of fit" model. *Administration & Society*, *40*(5), 465–482.

Bradley-Cole, K. (2021). Friend or fiend? An interpretative phenomenological analysis of moral and relational orientation in authentic leadership. *Leadership*, *17*(4), 401–420.

Branagh, K. (2011). *Thor*. New York, NY: Marvel Studios.

Brandebo, M. F. (2020). Destructive leadership in crisis management. *Leadership & Organization Development Journal*, *41*(4), 567–580.

Brown, M. E., & Treviño, L. K. (2006). Ethical leadership: A review and future directions. *The Leadership Quarterly*, *17*(6), 595–616.

Carapinha, R., Ortiz-Walters, R., McCracken, C. M., Hill, E. V., & Reede, J. Y. (2016). Variability in women faculty's preferences regarding mentor similarity: A multi-institution study in academic medicine. *Academic Medicine : Journal of the Association of American Medical Colleges*, *91*(8), 1108–1118. https://doi.org/10.1097/ACM.0000000000001284

Carson, J. B., Tesluk, P. E., & Marrone, J. A. (2007). Shared leadership in teams: An investigation of antecedent conditions and performance. *Academy of Management Journal*, *50*(5), 1217–1234.

Carter, D. R., Cullen-Lester, K. L., Jones, J. M., Gerbasi, A., Chrobot-Mason, D., & Nae, E. Y. (2020). Functional leadership in interteam contexts: Understanding 'what' in the context of why? where? when? and who? *The Leadership Quarterly, 31*(1), 101378.

Cohen, S. (1980). After effects of stress on human performance and social behavior: A review of research and theory. *Psychological Bulletin, 88*, 82–108.

Conte, J. M., & Landy, F. J. (2019). *Work in the 21st century: An introduction to industrial and organizational psychology* (6th ed.). New York, NY: Wiley.

Coogler, R. (2018). *Black Panther*. New York, NY: Marvel Studios.

Cornu, R. L. (2005). Peer mentoring: Engaging pre-service teachers in mentoring one another. *Mentoring & Tutoring: Partnership in Learning, 13*(3), 355–366.

Daniels, L. (1991). *Marvel: Five fabulous decades of the world's greatest comics*. New York, NY: Harry N Abrams Inc.

De Dreu, C. K. W., & Nijstad, B. A. (2008). Mental set and creative thought in social conflict: Threat rigidity versus motivated focus. *Journal of Personality and Social Psychology, 95*(3), 648–661.

De Dreu, C. K. W., & Weingart, L. R. (2003). Task versus relationship conflict, team performance, and team member satisfaction: A meta-analysis. *Journal of Applied Psychology, 88*(4), 741–749.

De Waal, A., & Sivro, M. (2012). The relation between servant leadership, organizational performance, and the high-performance organization framework. *Journal of Leadership & Organizational Studies, 19*(2), 173–190.

Eby, L. T., Allen, T. D., Evans, S. C., Ng, T., & DuBois, D. L. (2008). Does mentoring matter? A multidisciplinary meta-analysis comparing mentored and non-mentored individuals. *Journal of Vocational Behavior, 72*(2), 254–267.

Ensher, E. A., & Murphy, S. E. (1997). Effects of race, gender, perceived similarity, and contact on mentor relationships. *Journal of Vocational Behavior, 50*(3), 460–481.

Faiz, N. (2013). Impact of manager's reward power and coercive power on employee's job satisfaction: A comparative study of public and private sector. *International Journal of Management and Business Research, 3*(4), 383–392.

Farmer, B. A., Slater, J. W., & Wright, K. S. (1998). The role of communication in achieving shared vision under new organizational leadership. *Journal of Public Relations Research, 10*(4), 219–235.

Favreau, J. (2008). *Iron Man*. New York, NY: Marvel Studios. Favreau, J. (2010). *Iron Man 2*. New York, NY: Marvel Studios.

Finseraas, H., Johnsen, A. A., Kotsadam, A., & Torsvik, G. (2016). Exposure to female colleagues breaks the glass ceiling: Evidence from a combined vignette and field experiment. *European Economic Review, 90*, 363–374.

French, J. R. P., & Raven, B. H. (1959). The bases of social power. In D. Cartwright (Ed.), *Studies in Social Power* (pp. 150–167). Ann Arbor, MI: Institute for Social Research.

Froelich, K., McKee, G., & Rathge, R. (2011). Succession planning in nonprofit organizations. *Nonprofit Management and Leadership, 22*(1), 3–20.

Fulmer, R. M., Stumpf, S. A., & Bleak, J. (2009). The strategic development of high potential leaders. *Strategy & Leadership, 37*(3), 17–22. https://doi.org/10.1108/10878570910954600

George, B., Sims, P., McLean, A. N., & Mayer, D. (2007). Discovering your authentic leadership. *Harvard Business Review, 85*(2), 129.

Ghosh, R., & Reio, T. G., Jr. (2013). Career benefits associated with mentoring for mentors: A meta-analysis. *Journal of Vocational Behavior, 83*(1), 106–116.

Gino, F., Sezer, O., & Huang, L. (2020). To be or not to be your authentic self? Catering to others' preferences hinders performance. *Organizational Behavior and Human Decision Processes, 158*, 83–100.

Gipson, A. N., Pfaff, D. L., Mendelsohn, D. B., Catenacci, L. T., & Burke, W. W. (2017). Women and leadership: Selection, development, leadership style, and performance. *The Journal of Applied Behavioral Science, 53*(1), 32–65.

Glass, C., & Cook, A. (2016). Leading at the top: Understanding women's challenges above the glass ceiling. *The Leadership Quarterly, 27*, 51–63.

Goodwin, R. D., Dodson, S. J., Chen, J. M., & Diekmann, K. A. (2020). Gender, sense of power, and desire to lead: Why women don't "lean in" to apply for leadership groups that are majority-male. *Psychology of Women Quarterly, 44*(4), 468–487.

Grant Thornton. (2021). *Women in business report 2021: A window of opportunity.* Retrieved from https://www.grantthornton.global/en/insights/women-in-business-2021/

Greenleaf, R. K. (1970). *The Servant as a Leader.* Indianapolis, IN: Greenleaf Center.

Greer, C. R., & Virick, M. (2008). Diverse succession planning: Lessons from the industry leaders. *Human Resource Management, 47*(2), 351–367.

Griffeth, R. W., Hom, P. W., & Gaertner, S. (2000). A meta-analysis of antecedents and correlates of employee turnover: Update, moderators tests, and research implications for the next millennium. *Journal of Management, 26*(3), 463–488.

Groves, K. S. (2007). Integrating leadership development and succession planning best practices. *The Journal of Management Development, 26*(3), 239–260.

Guillaume, O., Honeycutt, A., & Savage-Austin, A. R. (2013). The impact of servant leadership on job satisfaction. *Journal of Business and Economics, 4*(5), 444–448.

Gunn, J. (2014). *Guardians of the galaxy.* New York, NY: Marvel Studios.

Gunn, J. (2017). *Guardians of the galaxy* (Vol. 2). New York, NY: Marvel Studios.

Hargis, M., & Watt, J. D. (2010). Organizational perception management: A framework to overcome crisis events. *Organization Development Journal, 28*(1), 73–87.

Harms, P. D., Crede, M., Tynan, M., Leon, M., & Jeung, W. (2017). Leadership and stress:A meta-analytic review. *The Leadership Quarterly, 28*, 178–194.

Harter, S. (2002). Authenticity. In C. R. Snyder & S. J. Lopez (Eds.), *Handbook of positive psychology* (pp. 382–394). New York, NY: Oxford University Press.

Hausknecht, J. P., Day, D. V., & Thomas, S. C. (2004). Applicant reactions to selection procedures: An updated model and meta-analysis. *Personnel Psychology, 57*, 639–683.

Hinchcliffe, E. (2021). The female CEOs on this year's Fortune 500 just broke three all-time records. *Fortune*. Retrieved from https://fortune.com/2021/06/02/female-ceos-fortune-500-2021-women-ceo-list-roz-brewer-walgreens-karen-lynch-cvs-thasunda-brown-duckett-tiaa/

Hogan, R., Curphy, G. J., & Hogan, J. (1994). What we know about leadership: Effectiveness and personality. *The American Psychologist, 49*(6), 493–504. https://doi.org/10.1037/0003-066X.49.6.493

Holbeche, L. (1996). Peer mentoring: The challenges and opportunities. *Career Development International, 1*(7), 24–27. https://doi.org/10.1108/13620439610152115

Hobbs, E., & Spencer, S. (2002). *Perceived Change in Leadership Skills as a Result of the Wilderness Education Association Wilderness Stewardship Course.* Paper presented at the Wilderness Education Association 2002 National Conference, Bradford Woods, IN.

Hoyland, T., Psychogios, A., Epitropaki, O., Damiani, J., Mukhuty, S., & Priestnall, C. (2021). A two-nation investigation of leadership self-perceptions and motivation to lead in early adulthood: The moderating role of gender and socio-economic status. *Leadership & Organization Development Journal, 42*(2), 289–315.

Hu, N., Chen, Z., Gu, J., Huang, S., & Liu, H. (2017). Conflict and creativity in inter-organizational teams: The moderating role of shared leadership. *The International Journal of Conflict Management, 28*(1), 74–102. https://doi.org/10.1108/IJCMA-01-2016-0003

Huizing, R. L. (2012). Mentoring together: A literature review of group mentoring. *Mentoring & Tutoring: Partnership in Learning, 20*(1), 27–55.

Ilgen, D. R., Major, D. A., Hollenbeck, J. R., & Sego, D. J. (1993). Team research in the 1990s. In M. M. Chemers & R. Ayman (Eds.), *Leadership theory and research: Perspectives and directions* (pp. 245–270). Cambridge, MA: Academic Press.

Jackson, D., Engstrom, E., & Emmers-Sommer, T. (2007). Think leader, think male *and* female: Sex vs. seating arrangement as leadership cues. *Sex Roles, 57*, 713–723.

Katz, D., & Kahn, R. L. (1978). *The social psychology of organizations.* New York, NY: Wiley.

Kaul, K. (2021). Refining the referral process: Increasing diversity for technology startups through targeted recruitment, screening and interview strategies. *Strategic HR Review, 20*(4), 125–129.

Kim, S. (2007). Learning goal orientation, formal mentoring, and leadership competence in HRD: A conceptual model. *Journal of European Industrial Training, 31*(3), 181–194.

Kim, J., Hsu, N., Newman, D. A., Harms, P. D., & Wood, D. (2020). Leadership perceptions, gender, and dominant personality: The role of normality evaluations. *Journal of Research in Personality, 87*, 1–9.

Koenig, A. M., Eagly, A. H., Mitchell, A. A., & Ristikari, T. (2011). Are leader stereotypes masculine? A meta-analysis of three research paradigms. *Psychological Bulletin, 137*(4), 616–642. https://doi.org/10.1037/a0023557

Kram, K. E. (1985). *Mentoring network: Developmental relationships in organisational life.* Glenview, IL: Scott Foreman.

Kristof, A. L. (1996). Person-organization fit: An integrative review of its conceptualizations, measurement, and implications. *Personnel Psychology, 49*, 1–49.

Lacerda, T. C. (2019). Crisis leadership in economic recession: A three-barrier approach to offset external constraints. *Business Horizons, 62*, 185–197.

Lee, E. K., Avgar, A. C., Park, W. W., & Choi, D. (2019). The dual effects of task conflict on team creativity: Focusing on the role of team-focused transformational leadership. *International Journal of Conflict Management, 30*(1), 132–154.

Lehman, D. W., O'Connor, K., Kovacs, B., & Newman, G. E. (2019). Authenticity. *Academy of Management Annals, 13*(1), 1–42.

Leterrier, L. (2008). *The Incredible Hulk.* New York, NY: Marvel Studios/Valhalla Motion Pictures.

Liden, R. C., Wayne, S. J., Liao, C., & Meuser, J. D. (2014). Servant leadership and serving culture: Influence on individual and unit performance. *Academy of Management Journal, 57*(5), 1434–1452.

Maitlis, S., & Christianson, M. (2014). Sensemaking in organizations: Taking stock and moving forward. *The Academy of Management Annals, 8*(1), 57–125.

McEntire, L. E., & Greene-Shortridge, T. M. (2011). Recruiting and selecting leaders for innovation: How to find the right leader. *Advances in Developing Human Resources, 13*(3), 266–278.

McFarland, L. A., & Ployhart, R. E. (2015). Social media: A contextual framework to guide research and practice. *Journal of Applied Psychology, 100*(6), 1653–1677. https://doi.org/10.1037/a0039244

Meyer, J. P., & Allen, N. J. (1991). A three-component conceptualization of organizational commitment. *Human Resource Management Review, 1*(1), 61–89.

Mikkelsen, E. N., & Wahlin, R. (2020). Dominant, hidden and forbidden sensemaking: The politics of ideology and emotions in diversity management. *Organization, 27*(4), 557–577.

Milosevic, I., Maric, S., & Lončar, D. (2020). Defeating the Toxic Boss: the nature of Toxic Leadership and the role of followers. *Journal of Leadership & Organizational Studies,*

27(2), 117–137.

Mitchell, M. E., Eby, L. T., & Ragins, B. R. (2015). My mentor, myself: Antecedents and outcomes of perceived similarity in mentoring relationships. *Journal of Vocational Behavior, 89*, 1–9. https://doi.org/10.1016/j.jvb.2015.04.008

Mumford, M. D., Zaccaro, S. J., Harding, F. D., Jacobs, T. O., & Fleishman, E. A. (2000). Leadership skills for a changing world: Solving complex social problems. *The Leadership Quarterly, 11*(1), 11–35.

Northouse, P. G. (2021). *Leadership: Theory and practice*. Sage publications

Oakes, P. (Director). (2020). The Marvel method (Season 1, Episode 7) [TV series episode]. In *Marvel 616*. Supper Club; Marvel Entertainment; Marvel New Media.

O'Brien, K. E., Biga, A., Kessler, S. R., & Allen, T. D. (2010). A meta-analytic investigation of gender differences in mentoring. *Journal of Management, 36*(2), 537–554. https://doi.org/10.1177/0149206308318619

Park, T. Y., & Shaw, J. D. (2013). Turnover rates and organizational performance: A meta-analysis. *Journal of Applied Psychology, 90*(2), 268–309.

Pearce, C. L., & Conger, J. A. (2003). *Shared leadership: Reframing the hows and whys of leadership*. London: Sage.

Persichetti, B., Ramsey, P., & Rothman, R. (2018). *Spider-Man: Into the spider-verse*. Los Angeles, CA: Columbia Pictures/Marvel Entertainment/Sony Pictures Animation.

Raimi, S. (2002). *Spider-man*. Los Angeles, CA: Columbia Pictures/Marvel Enterprises/Laura Ziskin Production.

Raimi, S. (2004). *Spider-man 2*. Los Angeles, CA: Columbia Pictures/Marvel Enterprises/Laura Ziskin Production.

Randall, K. R., Resick, C. J., & DeChurch, L. A. (2011). Building team adaptive capacity: The roles of sensegiving and team composition. *Journal of Applied Psychology, 96*(3), 525–540. https://doi.org/10.1037/a0022622

Rattner, B. (2006). *X-Men: The last stand*. Los Angeles, CA: Dune Entertainment/Marvel Entertainment/The Donners' Company/Ingenious Film Partner.

Reece, B. L., & Brandt, R. (1993). *Effective human relations in organisations* (5th ed.). Boston, MA: Houghton Mifflin.

Roth, K. (1995). Managing international interdependence: CEO characteristics in a resource-based framework. *Academy of Management Journal, 38*(1), 200–231.

Russo, A., & Russo, J. (2014). *Captain America: The winter soldier*. New York, NY: Marvel Studios.

Russo, A., & Russo, J. (2016). *Captain America: Civil war*. New York, NY: Marvel Studios. Russo, A., & Russo, J. (2018). *Avengers: Infinity war*. New York, NY: Marvel Studios.

Russo, A., & Russo, J. (2019). *Avengers: Endgame*. New York, NY: Marvel Studios.

Scarlet, J., & Busch, J. (2016). Trauma shapes a hero. In T. Langley (Ed.), *Captain America vs. Iron Man: Freedom, security, psychology*. New York, NY: Sterling.

Schmidt, F. L., & Hunter, J. E. (1998). The validity of selection methods in personnel psychology: Practical and theoretical implications of 85 years of research findings. *Psychological Bulletin, 124*(2), 262–274.

Schneider, B., Goldstein, H. W., & Smith, D. B. (1995). The ASA framework: An update. *Personnel Psychology, 48,* 747–773.

Schriesheim, C. A. (1997). Substitutes-for-leadership theory: Development and basic concepts. *The Leadership Quarterly, 8*(2), 103–108. https://doi.org/10.1016/S1048-9843(97)90009-6

Scully, J. A., Tosi, H., & Banning. K. (2000). Life event checklists: Revisiting the social readjustment rating scale after 30 years. *Educational and Psychological Measurement, 60,* 864–876.

Shah, P. P., Peterson, R. S., Jones, S. L., & Ferguson, A. J. (2021). Things are not always what they seem: The origins and evolution of intragroup conflict. *Administrative Science Quarterly, 66*(2), 426–474.

Sheinfeld Gorin, S. N., Lee, R. E., & Knight, S. J. (2020). Group mentoring and leadership growth in behavioral medicine. *Translational Behavioral Medicine, 10*(4), 873–876.

Singer, B. (2000). *X-men.* Los Angeles, CA: Marvel Enterprises/The Donners' Company/Bad Hat Harry Productions.

Singer, B. (2003). *X-2.* Los Angeles, CA: Marvel Enterprises/The Donners' Company/Bad Hat Harry Productions.

Singer, B. (2014). *X-men: Days of future past.* Los Angeles, CA: Marvel Entertainment/Bad Hat Harry/The Donners' Company/Genre Films/TSG Entertainment.

Smircich, L., & Morgan, G. (1982). Leadership: The management of meaning. *The Journal of Applied Behavioral Science, 18*(3), 257–273.

Sousa, M., & Van Dierendonck, D. (2016). Introducing a short measure of shared servant leadership impacting team performance through team behavioral integration. *Frontiers in Psychology, 6,* 2002.

Stead, V. (2005). Mentoring: A model for leadership development? *International Journal of Training and Development, 9*(3), 170–184. https://doi.org/10.1111/j.1468-2419.2005.00232.x

Van Dependence, D., & Nuijten, I. (2011). The servant leadership survey: Development and validation of a multidimensional measure. *Journal of Business and Psychology, 26*(3), 249–267.

van Esch, C., Luse, W., & Bonner, R. L. (2021). The impact of COVID-19 pandemic concerns and gender on mentor seeking behavior and self-efficacy. *Equality, Diversity and Inclusion: An International Journal,* Online First.

Volkema, R. J., & Bergmann, T. J. (1995). Conflict styles as indicators of behavioral patterns in interpersonal conflicts. *Journal of Social Psychology, 135*(1), 5–15.

Wageman, R., Hackman, J. R., & Lehman, E. (2005). Team diagnostic survey: Development of an instrument. *The Journal of Applied Behavioral Science, 41*(4), 373–398.

Walumbwa, F. O., Avolio, B. J., Gardner, W. L., Wernsing, T. S., & Peterson, S. J. (2008). Authentic leadership: Development and validation of a theory-based measure. *Journal of Management, 34*(1), 89–126.

Wetzel, S., & Wetzel, C. (2020). *The Marvel Studios story*. New York, NY: HarperCollins Leadership.

Whedon, J. (2012). *Marvel's The Avengers*. New York, NY: Marvel Studios. Whedon, J. (2015). *Avengers: Age of Ultron*. New York, NY: Marvel Studios.

Whetten, D. A., & Cameron, K. S. (2020). *Developing management skills* (10th ed.). London: Pearson.

Whitten, S. (2021, January 31). The 13 highest-grossing film franchises at the box office. *CNBC*. Retrieved from https://www.cnbc.com/2021/01/31/the-13-highest-grossing-film-franchises-at-the-box-office.html

Yahaya, R., & Ebrahim, F. (2016). Leadership styles and organizational commitment: Literature review. *Journal of Management Development, 35*(2), 190–216.

Yukl, G. A., & Gardner, W. L. (2020). *Leadership in organizations* (9th ed.). London: Pearson.

Zaccaro, S. J., Rittman, A. L., & Marks, M. A. (2001). Team leadership. *The Leadership Quarterly, 12*(4), 451–483. https://doi.org/10.1016/S1048-9843(01)00093-5

索 引

國家圖書館出版品預行編目（CIP）資料

漫威英雄領導學：跟著組織心理學教授打造英雄特質領導力 /Gordon B. Schmidt, Sy Islam 作
；王心宇翻譯 . -- 初版 . -- 臺北市：墨刻出版股份有限公司出版：英屬蓋曼群島商家庭傳媒股份
有限公司城邦分公司發行, 2023.12
　　面；　公分
譯　自：Leaders Assemble! Leadership in the MCU : Exploring Effective Leadership
Practices through Popular Culture.
ISBN 978-986-289-959-5(平裝)
1.CST: 企業領導 2.CST: 領導理論 3.CST: 領導者
494.2　　　　　　　　　　　　　　　　　　　　　　　　　　　　　112019735

墨刻出版 知識星球 叢書

漫威英雄領導學
跟著組織心理學教授打造英雄特質領導力

LEADERS ASSEMBLE! LEADERSHIP IN THE MCU

作　　　　者	高登・施密特 Gordon B. Schmidt、賽・伊斯蘭 Sy Islam
翻　　　　譯	王心宇
責 任 編 輯	林宜慧
美 術 編 輯	莇歐設計社
行 銷 企 劃	周詩嫻

發 　 行 　 人	何飛鵬
事業群總經理	李淑霞
社　　　　長	饒素芬
出 版 公 司	墨刻出版股份有限公司
地　　　　址	104 台北市民生東路 2 段 141 號 9 樓
電　　　　話	886-2-2500-7008
傳　　　　眞	886-2-2500-7796
E　M　A　I　L	service@sportsplanetmag.com
網　　　　址	www.sportsplanetmag.com

發　　　　行	英屬蓋曼群島商家庭傳媒股份有限公司城邦分公司
	地址：104 台北市民生東路 2 段 141 號 B1
	讀者服務電話　0800-020-299
	讀者服務傳眞　02-2517-0999
	讀者服務信箱　csc@cite.com.tw
	城邦讀書花園　www.cite.com.tw

香 港 發 行	城邦（香港）出版集團有限公司
	地址：香港灣仔駱克道 193 號東超商業中心 1 樓
	電話：852-2508-6231
	傳眞：852-2578-9337

馬 新 發 行	城邦（馬新）出版集團有限公司
	地址：41,Jalan Radin Anum, Bandar Baru Sri Petaling, 57000 Kuala Lumpur, Malaysia
	電話：603-90578822
	傳眞：603-90576622

經 　 銷 　 商	聯合發行股份有限公司（電話：886-2-29178022）、金世盟實業股份有限公司
製　　　　版	漾格科技股份有限公司
印　　　　刷	漾格科技股份有限公司
城 邦 書 號	LSK005

ISBN　9789862899595（平裝）
EISBN　9789862899618（EPUB）
定　價 NT390 元
2023 年 12 月初版